CAD/CAM/CAE 系列丛书
入门与提高

AutoCAD 2022 中文版
入门与提高
建筑设计

CAD/CAM/CAE技术联盟◎编著

U0274580

清华大学出版社
北京

内 容 简 介

本书以 AutoCAD 2022 为软件平台，介绍各种 CAD 建筑设计的绘制方法。本书围绕某办公大楼施工图设计实例，讲解用 AutoCAD 2022 中文版绘制各种建筑平面施工图的实例与技巧。

本书面向初、中级用户以及对建筑制图比较了解的技术人员编写，旨在帮助读者用较短的时间快速熟练地掌握使用 AutoCAD 2022 中文版绘制各种建筑实例的应用技巧，并提高建筑制图的设计质量。

图书在版编目（CIP）数据

AutoCAD 2022 中文版入门与提高. 建筑设计/CAD/CAM/CAE 技术联盟编著.—北京：清华大学出版社，2022.10

（CAD/CAM/CAE 入门与提高系列丛书）

ISBN 978-7-302-61779-2

Ⅰ. ①A… Ⅱ. ①C… Ⅲ. ①建筑设计－计算机辅助设计－AutoCAD 软件 Ⅳ. ①TP391.72 ②TU201.4

中国版本图书馆 CIP 数据核字（2022）第 161860 号

责任编辑：秦　娜　赵从棉
封面设计：李召霞
责任校对：王淑云
责任印制：沈　露

出版发行：清华大学出版社
网　　　址：http://www.tup.com.cn，http://www.wqbook.com
地　　　址：北京清华大学学研大厦 A 座　　　邮　　编：100084
社 总 机：010-83470000　　　邮　　购：010-62786544
投稿与读者服务：010-62776969，c-service@tup.tsinghua.edu.cn
质量反馈：010-62772015，zhiliang@tup.tsinghua.edu.cn

印 装 者：北京同文印刷有限责任公司
经　　销：全国新华书店
开　　本：185mm×260mm　　印　张：19.75　　　字　数：451 千字
版　　次：2022 年 10 月第 1 版　　　印　次：2022 年 10 月第 1 次印刷
定　　价：79.80 元

产品编号：097120-01

前 言
Preface

　　AutoCAD 是美国 Autodesk 公司开发的著名计算机辅助设计软件,是当今世界上获得众多用户首肯的优秀计算机辅助设计软件。它具有体系结构开放、操作方便、易于掌握、应用广泛等特点,深受各行各业尤其是建筑和工业设计技术人员的欢迎。

　　AutoCAD 建筑设计是计算机辅助设计与建筑设计结合的交叉学科。虽然在现代建筑设计中,应用 AutoCAD 辅助设计是顺理成章的事,但国内专门对利用 AutoCAD 进行建筑设计的方法和技巧进行讲解的书很少。本书根据建筑设计在各学科和专业中的应用实际,全面具体地对各种建筑设计的 AutoCAD 设计方法和技巧进行深入细致的讲解。

一、本书特点

☑ 作者权威

　　本书由 Autodesk 中国认证考试管理中心首席专家胡仁喜博士领衔的 CAD/CAM/CAE 技术联盟编写,所有编者都是高校从事计算机辅助设计教学研究多年的一线人员,具有丰富的教学实践经验与教材编写经验,多年的教学工作使他们能够准确地把握学生的心理与实际需求,前期出版的一些相关书籍经过市场检验很受读者欢迎。本书是作者总结多年的设计经验以及教学的心得体会,历时多年的精心准备,力求全面、细致地展现 AutoCAD 软件在建筑设计应用领域的各种功能和使用方法。

☑ 实例丰富

　　对于 AutoCAD 这类专业软件在建筑设计领域应用的工具书,我们力求避免空洞的介绍和描述,而是步步为营,采用建筑设计实例演绎逐个知识点,这样读者在实例操作过程中可以牢固地掌握软件功能。实例的种类也非常丰富,有知识点讲解的小实例,有几个知识点或全章知识点融会的综合实例,有练习提高的上机实例,更有最后完整实用的工程案例。各种实例交错讲解,以巩固读者对知识点的理解。

☑ 突出提升技能

　　本书从全面提升 AutoCAD 实际应用能力的角度出发,结合大量的案例来讲解如何利用 AutoCAD 软件进行建筑设计,使读者了解 AutoCAD 并能够独立地完成各种建筑设计与制图。

　　本书中有很多实例本身就是建筑设计项目案例,经过作者精心提炼和改编,不仅可以保证读者能够学好知识点,更重要的是能够帮助读者掌握实际的操作技能,同时培养建筑设计实践能力。

二、本书的基本内容

　　本书围绕某办公大楼施工图设计实例,讲解用 AutoCAD 2022 中文版绘制各种建筑平面施工图的实例与技巧。全书共 15 章,分别介绍建筑设计基本理论;AutoCAD

Note

2022 基础；辅助绘图工具；绘制简单二维图形；二维图形的编辑；绘制复杂二维图形；文字与表格；尺寸标注；快速绘图工具；绘制建筑总平面图；绘制建筑平面图；绘制建筑立面图；绘制建筑剖面图；绘制建筑详图；绘制建筑施工图。各章之间紧密联系，前后呼应。

三、本书的配套资源

本书通过二维码提供了极为丰富的学习配套资源，期望读者朋友能在最短的时间内学会并精通这门技术。

1．配套教学视频

本书提供 30 个经典中小型案例，13 个大型综合工程应用案例，专门制作了 43 节教材实例同步微视频。读者可以先看视频，像看电影一样轻松愉悦地学习本书内容，然后对照课本加以实践和练习，从而可以大大提高学习效率。

2．AutoCAD 应用技巧、疑难解答等资源

（1）AutoCAD 应用技巧大全：本书汇集了 AutoCAD 绘图的各类技巧，对提高作图效率很有帮助。

（2）AutoCAD 疑难问题解答汇总：疑难问题解答的汇总，对入门者非常有用，可以扫除学习障碍，让学习少走弯路。

（3）AutoCAD 经典练习题：本书额外精选了不同类型的练习题，读者朋友只要认真去练习，到一定程度就可以实现从量变到质变的飞跃。

（4）AutoCAD 常用图库：作者工作多年，积累了内容丰富的图库，可以拿来就用，或者改改就可以用，对于提高作图效率极为重要。

（5）AutoCAD 快捷命令速查手册：本书汇集了 AutoCAD 常用快捷命令，熟记可以提高作图效率。

（6）AutoCAD 快捷键速查手册：本书汇集了 AutoCAD 常用快捷键，绘图高手通常会直接使用快捷键。

（7）AutoCAD 常用工具按钮速查手册：熟练掌握 AutoCAD 工具按钮的使用方法也是提高作图效率的方法之一。

（8）软件安装过程详细说明文本和教学视频：利用此说明文本或教学视频，可以解决让人烦恼的软件安装问题。

（9）AutoCAD 官方认证考试大纲和模拟考试试题：本书完全参照官方认证考试大纲编写，模拟试题利用作者独家掌握的考试题库编写而成。

3．10 套大型图纸设计方案及长达 12 小时的同步教学视频

为了帮助读者拓展视野，本书特意赠送 10 套设计图纸集、图纸源文件、视频教学录像（动画演示），总长 12 小时。

4．全书实例的源文件和素材

本书附带了很多实例，包含实例及练习实例的源文件和素材，读者可以安装 AutoCAD 2022 软件，打开并使用它们。

Note

四、关于本书的服务

1. 关于本书的技术问题或有关本书信息的发布

如果读者朋友遇到有关本书的技术问题,可以将问题发到邮箱 714491436@qq.com,我们将及时回复。

2. 安装软件的获取

按照本书上的实例进行操作练习,以及使用 AutoCAD 进行建筑设计与制图时,需要事先在计算机上安装相应的软件。读者可从网络下载相应软件,或者从软件经销商处购买。QQ 交流群也会提供下载地址和安装方法教学视频,需要的读者可以关注。

本书由 CAD/CAM/CAE 技术联盟编著。CAD/CAM/CAE 技术联盟是一个集CAD/CAM/CAE 技术研讨、工程开发、培训咨询和图书创作于一体的工程技术人员协作联盟,包含 20 多位专职和众多兼职 CAD/CAM/CAE 工程技术专家。

CAD/CAM/CAE 技术联盟负责人由 Autodesk 中国认证考试中心首席专家担任,全面负责 Autodesk 中国官方认证考试大纲制定、题库建设、技术咨询和师资力量培训工作,成员精通 Autodesk 系列软件。其创作的很多教材成为国内具有领导性的旗帜作品,在国内相关专业方向图书创作领域具有举足轻重的地位。

书中主要内容来自作者几年来使用 AutoCAD 的经验总结,也有部分内容取自国内外有关文献资料。虽然笔者几易其稿,但由于时间仓促,加之水平有限,书中纰漏与失误在所难免,恳请广大读者批评指正。

作　者

2022 年 4 月

0-1

目 录

Contents

第 1 章

建筑设计基本理论

本章导读

　　建筑设计是指建筑物在建造之前,设计者按照建设任务,将施工过程和使用过程中所存在的或可能发生的问题,事先做好通盘的设想,拟定好解决这些问题的方案,并用图纸和文件表达出来。

　　本章将简要介绍建筑设计的一些基本知识,包括建筑设计基本理论、建筑设计基本方法、建筑制图基本知识等。

学习要点

◆ 建筑设计基本理论概述
◆ 建筑设计基本方法
◆ 建筑制图基本知识

1.1 建筑设计基本理论概述

1.1.1 建筑设计概述

建筑设计是为人类建立生活环境的综合艺术和科学，专业涵盖范围极广。从总体上说，建筑设计一般由三大阶段构成，即方案设计、初步设计和施工图设计。方案设计主要是构思建筑的总体布局，包括设计各个功能空间、高度、层高、外观造型等内容；初步设计是对方案设计的进一步细化，确定建筑的具体尺度和大小，包括绘制建筑平面图、建筑剖面图和建筑立面图等；施工图设计是将建筑构思变成图纸的重要阶段，是建造建筑的主要依据，除包括绘制建筑平面图、建筑剖面图和建筑立面图等，还包括绘制各个建筑大样图、建筑构造节点图，以及其他专业设计图纸，如结构施工图、电气设备施工图、暖通空调设备施工图等。总体来说，建筑施工图越详细越好，要准确无误。

在建筑设计中，需按照国家规范及标准进行设计，确保建筑的安全、经济、适用等。需遵守的国家建筑设计规范主要有以下几种。

（1）《房屋建筑制图统一标准》（GB/T 50001—2017）。

（2）《建筑制图标准》（GB/T 50104—2010）。

（3）《建筑内部装修设计防火规范》（GB 50222—2017）。

（4）《建筑工程建筑面积计算规范》（GB/T 50353—2013）。

（5）《民用建筑设计统一标准》（GB 50352—2019）。

（6）《建筑设计防火规范（2018年版）》（GB 50016—2014）。

（7）《建筑采光设计标准》（GB/T 50033—2013）。

（8）《建筑照明设计标准》（GB 50034—2013）。

（9）《汽车库、修车库、停车场设计防火规范》（GB 50067—2014）。

（10）《混凝土物理力学性能试验方法标准》（GB 50081—2019）。

（11）《公共建筑节能设计标准》（GB 50189—2015）。

🔓 **提示**：建筑设计规范中的 GB 代表国家标准，此外还有行业规范、地方标准等。

建筑设计是为人们工作、生活与休闲提供环境空间的一门学科。建筑设计与人们的日常生活息息相关，从住宅到商场大楼，从写字楼到酒店，从教学楼到体育馆，无处不与建筑设计紧密联系。如图 1-1 和图 1-2 所示为两种不同风格的建筑。

1.1.2 建筑设计的特点

建筑设计是根据建筑物的使用性质、所处的环境和相应标准，创造功能合理、舒适优美、满足人们物质和精神生活需要的室内外空间环境。设计构思时，需要运用物质技术手段，如各类装饰材料和设施设备等，还需要遵循建筑美学原理，综合考虑使用功能、结构施工、材料设备、造价标准等多种因素。

图 1-1　高层商业建筑

图 1-2　别墅建筑

1. 建筑设计的方法

从设计者的角度来分析,建筑设计的方法主要有以下几点。

(1) 总体推敲与细处着手。总体推敲是建筑设计应考虑的几个基本观点之一,是指有设计的全局观念。细处着手是指具体进行设计时,必须根据建筑的使用性质,深入调查、收集信息,掌握必要的资料和数据,从最基本的人体尺度、人流动线、活动范围和特点、家具与设备的尺寸,以及使用它们必需的空间等着手。

(2) 里与外、局部与整体协调统一。建筑室内外空间环境需要与建筑整体的性质、标准、风格,以及室外环境相协调统一,它们之间有着相互依存的密切关系,设计时需要从里到外、从外到里多次反复协调,从而使设计更趋完善。

(3) 立意与表达。设计的构思、立意至关重要。可以说,一项设计没有立意就等于没有"灵魂"。设计的难度也往往在于要有一个好的构思。一个较为成熟的构思,往往需要足够的信息量,有商讨和思考的时间,在设计前期和出方案过程中使立意、构思逐步明确,形成一个好的构思。

提示: 对于建筑设计来说,正确、完整又有表现力地表达出建筑室内外空间环境设计的构思和意图,使建设者和评审人员能够通过图纸、模型、说明等全面地了解设计意图,也是非常重要的。

2. 建筑设计的进程

建筑设计根据设计的进程,通常可以分为四个阶段,即准备阶段、方案阶段、施工图阶段和实施阶段。

(1) 准备阶段。准备阶段主要是接受委托任务书、签订合同,或者根据标书要求参加投标;明确设计任务和要求,如建筑设计任务的使用性质、功能特点、设计规模、等级标准、总造价,以及根据任务的使用性质所需创造的建筑室内外空间环境氛围、文化内涵或艺术风格等。

(2) 方案阶段。方案阶段是在准备阶段的基础上,进一步收集、分析、运用与设计任务有关的资料与信息,构思立意,进行初步方案设计,进而深入设计,进行方案的分析与比较,确定初步设计方案,提供设计文件,如平面图、立面图、透视效果图等。如图 1-3

所示为某个项目的建筑设计方案效果图。

（3）施工图阶段。施工图阶段主要提供有关平面、立面、构造节点大样，以及设备管线图等施工图纸，以满足施工的需要。如图1-4所示为某个项目的建筑平面施工图（局部）。

（4）实施阶段。实施阶段就是工程的施工阶段。建筑工程在施工前，设计人员应向施工单位进行设计意图说明及图纸的技术交底；工程施工期间需按图纸要求核对施工实况，有时还需根据现场实况提出对图纸的局部修改或补充；施工结束时，会同质检部门和建设单位进行工程验收。如图1-5所示为正在施工中的建筑（局部）。

图1-3　建筑设计方案效果图

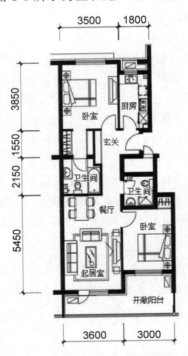

图1-4　建筑平面施工图（局部）

图1-5　正在施工中的建筑（局部）

提示：为了使设计取得预期效果，建筑设计人员必须抓好设计各阶段的各环节，充分重视设计、施工、材料、设备等各个方面，协调好与建设单位和施工单位之间的相互关系，在设计意图和构思方面取得沟通与共识。

3．工业与民用建筑的施工图纸分类

一套工业与民用建筑的建筑施工图通常包括的图纸主要有以下几大类。

（1）建筑平面图（简称平面图）。建筑平面图是按一定比例绘制的建筑的水平剖切图。通俗地讲，就是将一幢建筑窗台以上的部分切掉，再将切面以下部分用直线和各种图例、符号直接绘制在纸上，以直观地表示建筑在设计和使用上的基本要求和特点。建筑平面图一般比较详细，通常采用较大的比例，如1∶200、1∶100或1∶50，并标出实际的详细尺寸。如图1-6所示为某建筑的平面图。

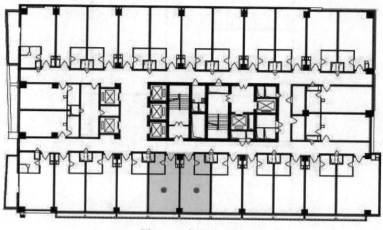

图1-6　建筑平面图

（2）建筑立面图（简称立面图）。建筑立面图主要用来表达建筑物各个立面的形状和外墙面的装修等，是按照一定比例绘制的建筑物正面、背面和侧面的形状图，表示的是建筑物的外部形式，说明建筑物长、宽、高的尺寸，表现建筑的地面标高、屋顶的形式、阳台的位置和形式、门窗洞口的位置和形式，以及外墙装饰的设计形式、材料及施工方法等。如图1-7所示为某建筑的立面图。

图1-7　建筑立面图

（3）建筑剖面图（简称剖面图）。建筑剖面图是按一定比例绘制的建筑竖直方向的剖切前视图，表示建筑内部的空间高度、室内立面布置、结构和构造等情况。在绘制剖面图时，应包括各层楼面的标高、窗台、窗上口、室内净尺寸等；剖切楼梯应表明楼梯分段与分级数量；表示出建筑主要承重构件的相互关系；画出房屋从屋面到地面的内部构造特征，如楼板构造、隔墙构造、内门高度、各层梁和板的位置、屋顶的结构形式与用料等；注明装修方法、地面做法等,所用材料加以说明,标明屋面做法及构造；各层的层高与标高,标明各部位的高度尺寸等。如图1-8所示为某建筑的剖面图。

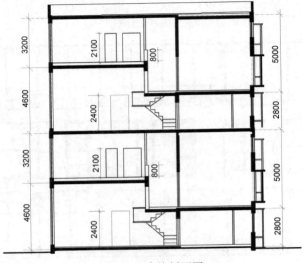

图1-8　建筑剖面图

（4）建筑大样图（简称详图）。建筑大样图主要用以表达建筑物的细部构造、节点连接形式,以及构件、配件的形状大小、材料、做法等。详图要用较大比例绘制（如1∶20、1∶5等）,尺寸标注要准确齐全,文字说明要详细。如图1-9所示为墙身（局部）的建筑大样图。

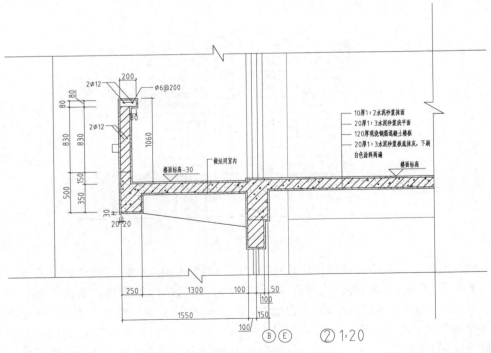

图1-9　墙身（局部）的建筑大样图

（5）建筑透视效果图。除上述类型的图形外，在实际工程实践中，还经常需要绘制建筑透视效果图，尽管其不是施工图所要求的。建筑透视效果图表示建筑物内部空间或外部形体与实际所能看到的建筑本身相类似的主体图像，具有强烈的三维空间透视感，能非常直观地表现建筑的造型、空间布置、色彩和外部环境等多方面的内容，常在建筑设计和销售时作为辅助图使用。从高处俯视的建筑透视效果图又叫作"鸟瞰图"或"俯视图"。建筑透视效果图一般要严格地按比例绘制，并进行绘制上的艺术加工，这种图通常被称为建筑表现图或建筑效果图。一幅绘制精美的建筑表现图就是一件艺术作品，具有很强的艺术感染力。如图 1-10 所示为某建筑透视效果图。

图 1-10　建筑透视效果图

提示：目前普遍采用计算机绘制建筑透视效果图，其特点是透视效果逼真，可以进行多次复制。

1.2　建筑设计基本方法

本节介绍建筑设计的两种基本方法及其各自的特点。

1.2.1　手工绘制建筑图

建筑设计图纸对工程建设至关重要。要想把设计者的意图完整地表达出来，建筑设计图纸无疑是比较有效的方法。在计算机普及之前，绘制建筑图最为常用的方式是手工绘制。手工绘制方法的最大优点是自然、随机性较大，容易体现个性和不同的设计风格，使人们领略到其所带来的真实性、实用性和趣味性；其缺点是比较费时且不容易修改。如图 1-11 和图 1-12 所示为手工绘制的建筑图。

图 1-11 手工绘制的建筑图 1

图 1-12 手工绘制的建筑图 2

1.2.2 计算机绘制建筑图

　　随着计算机信息技术的飞速发展,建筑设计已逐步摆脱了传统的图板和三角尺,步入计算机辅助设计时代。如今,建筑效果图及施工图的设计,几乎完全实现了使用计算机进行绘制和修改。如图 1-13 和图 1-14 所示为计算机绘制的建筑图。

图 1-13 计算机绘制的建筑图 1

图 1-14 计算机绘制的建筑图 2

1.3 建筑制图基本知识

　　建筑设计图纸是建筑设计人员交流设计思想、传达设计意图的技术文件。尽管AutoCAD功能强大,但它毕竟不是专门为建筑设计定制的软件,一方面需要在用户的正确操作下才能实现其绘图功能;另一方面需要用户遵循统一的制图规范,在正确的制图理论及方法的指导下来操作,才能生成合格的图纸。可见,即使在当今大量采用计算机绘图的形势下,仍然有必要掌握基本绘图知识。基于此,本节将简单介绍必备的制图知识,已掌握该部分内容的读者可跳过。

1.3.1 建筑制图概述

1. 建筑制图的概念

建筑图纸是方案投标、技术交流和建筑施工的要件。建筑制图就是根据正确的制图理论及方法,按照国家统一的建筑制图规范,将设计思想和技术特征清晰、准确地表现出来。建筑图纸包括方案图、初设图、施工图等。国家标准《房屋建筑制图统一标准》(GB/T 50001—2017)、《总图制图标准》(GB/T 50103—2010)和《建筑制图标准》(GB/T 50104—2010)是建筑专业手工制图和计算机制图的依据。

2．建筑制图程序

建筑制图的程序与建筑设计的程序相对应,从整个设计过程来看,按照设计方案图、初设图、施工图的顺序来进行,后一阶段的图纸在前一阶段的基础上做深化、修改和完善。就每个阶段来看,一般遵循平面图、立面图、剖面图、详图的过程来绘制。至于每种图样的制图程序,将在后面的章节中结合 AutoCAD 操作实例来讲解。

1.3.2 建筑制图的要求及规范

1．图幅、标题栏及会签栏

图幅即图面的大小,分为横式和立式两种。根据国家标准的规定,按图面长和宽的大小确定图幅的等级。建筑常用的图幅有 A0、A1、A2、A3 及 A4,每种图幅的长宽尺寸如表 1-1 所示,表中尺寸代号的意义如图 1-15 和图 1-16 所示。

表 1-1　图幅标准

尺 寸 代 号	图 幅 代 号				
	A0	**A1**	**A2**	**A3**	**A4**
$b \times l/(\text{mm} \times \text{mm})$	841×1189	594×841	420×594	297×420	210×297
c/mm	10			5	
a/mm	25				

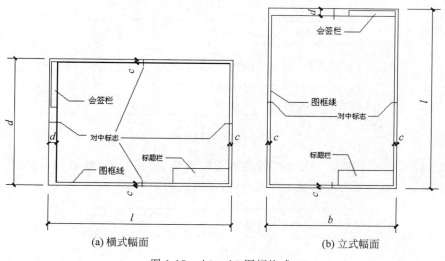

(a) 横式幅面　　　　　　　(b) 立式幅面

图 1-15　A0～A3 图幅格式

A0～A3 图纸可以在长边加长,加长尺寸如表 1-2 所示,但短边一般不加长。如有特殊需要,可采用 $b \times l = 841\text{mm} \times 891\text{mm}$ 或 $1189\text{mm} \times 1261\text{mm}$ 的幅面。

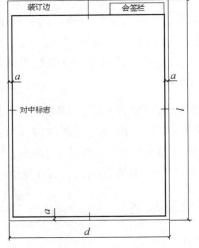

图 1-16　A4 立式图幅格式

表 1-2　图纸长边加长尺寸　　　　　　　　　　　　　　　　　　　mm

图　幅	长边尺寸	长边加长后的尺寸
A0	1189	1486,1635,1783,1932,2080,2230,2378
A1	841	1051,1261,1471,1682,1892,2102
A2	594	743,891,1041,1189,1338,1486,1635,1783,1932,2080
A3	420	630,841,1051,1261,1471,1682,1892

　　标题栏包括设计单位名称区、工程名称区、签字区、图名区以及图号区等，一般格式如图 1-17 所示。如今不少设计单位采用自己个性化的标题栏格式，但是仍必须包括这几项内容。

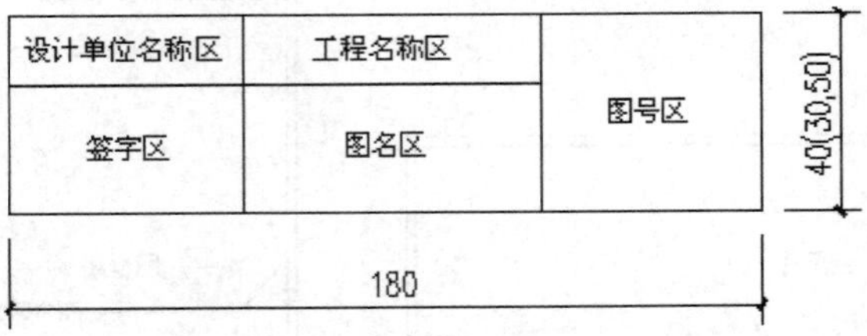

图 1-17　标题栏格式

　　会签栏是为各工种负责人审核后签名用的表格，包括专业、姓名、日期等内容，如图 1-18 所示。对于不需要会签的图纸，可以不设此栏。

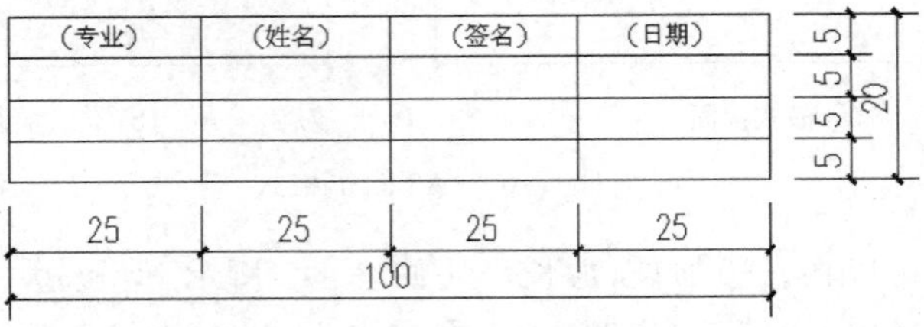

图 1-18　会签栏格式

此外,需要微缩复制的图纸,其一个边上应附有一段精确的米制尺度,四个边上均附有对中标志。米制尺度的总长应为100mm,分格应为10mm。对中标志应画在图纸各边的中点处,线宽应为0.35mm,伸入框内应为5mm。

2. 线型要求

建筑图纸主要由各种线条构成,不同的线型表示不同的对象和不同的部位,代表着不同的含义。为了使图面能够清晰、准确、美观地表达设计思想,工程实践中采用了一套常用的线型,并规定了它们的使用范围,其统计如表1-3所示。

表 1-3　常用线型统计表

名称		线　型	线宽	适 用 范 围
实线	粗	————	b	建筑平面图、剖面图、构造详图的被剖切主要构件截面轮廓线;建筑立面图外轮廓线;图框线;剖切线。总图中的新建建筑物轮廓
	中	————	$0.5b$	建筑平面、剖面中被剖切的次要构件的轮廓线;建筑平面图、立面图、剖面图构配件的轮廓线;详图中的一般轮廓线
	细	————	$0.25b$	尺寸线、图例线、索引符号、材料线及其他细部刻画用线等
虚线	中	– – – – –	$0.5b$	主要用于构造详图中不可见的实物轮廓;平面图中的起重机轮廓;拟扩建的建筑物轮廓
	细	- - - - -	$0.25b$	其他不可见的次要实物轮廓线
点划线	细	— · — · —	$0.25b$	轴线、构配件的中心线、对称线等
折断线	细	——∿——	$0.25b$	断开界线
波浪线	细	～～～～	$0.25b$	构造层次的断开界线,有时也表示省略画出时的断开界线

图线宽度b,宜从下列线宽中选取:2.0、1.4、1.0、0.7、0.5、0.35mm。不同的b值,将产生不同的线宽组。在同一张图纸内,对于各不同线宽组中的细线,可以统一采用较细的线宽组中的细线。对于需要微缩的图纸,线宽不宜小于0.18mm。

3. 尺寸标注

尺寸标注的一般原则有以下几点。

(1)尺寸标注应力求准确、清晰、美观大方。在同一张图纸中,标注风格应保持一致。

(2)尺寸线应尽量标注在图样轮廓线以外,从内到外依次标注从小到大的尺寸,不能将大尺寸标在内,而小尺寸标在外,如图1-19所示。

Note

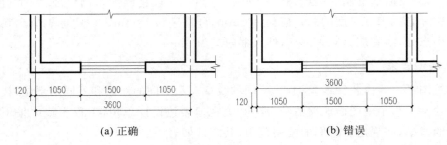

(a) 正确　　　　　　　　　　　　　(b) 错误

图 1-19　尺寸标注正误对比

（3）最内一道尺寸线与图样轮廓线之间的距离不应小于 10mm，两道尺寸线之间的距离一般为 7～10mm。

（4）尺寸界线朝向图样的端头距图样轮廓的距离不应小于 2mm，不宜直接与之相连。

（5）在图线拥挤的地方，应合理安排尺寸线的位置，但不宜与图线、文字及符号相交；可以考虑将轮廓线用作尺寸界线，但不能作为尺寸线。

（6）室内设计图中连续重复的构配件等，当不易标明定位尺寸时，可在总尺寸的控制下，定位尺寸不用数值而用"均分"或"（EQ）"字样表示，如图 1-20 所示。

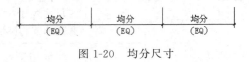

图 1-20　均分尺寸

4. 文字说明

在一幅完整的图纸中用图线方式表现得不充分和无法用图线表示的地方，就需要进行文字说明，如设计说明、材料名称、构配件名称、构造做法、统计表及图名等。文字说明是图纸内容的重要组成部分，制图规范对文字标注中的字体、字的大小、字体字号搭配等方面做了一些具体规定。

（1）一般原则：字体端正，排列整齐，清晰准确，美观大方，避免过于个性化的文字标注。

（2）字体：一般标注推荐采用仿宋体，大标题、图册封面、地形图等的汉字，也可书写成其他字体，但应易于辨认。

字体示例如下。

仿宋：室内设计(小四)室内设计(四号)室内设计(二号)

黑体：室内设计(四号)室内设计(小二)

楷体：室内设计(四号)室内设计(二号)

隶书：室内设计(三号)室内设计(一号)

字母、数字及符号：01234abcd％＠（四号）或 $01234abcd％＠$（二号，斜体）

（3）字的大小：标注的文字高度要适中。同一类型的文字应采用同一大小的字。较大的字用于较概括性的说明内容，较小的字用于较细致的说明内容。文字的字高应从如下系列中选用：3.5、5、7、10、14、20。如需书写更大的字，其高度应按 $\sqrt{2}$ 的比值递增。注意字体及字的大小搭配的层次感。

5．常用图示标志

（1）详图索引符号及详图符号。平面图、立面图和剖面图中，应在需要另设详图表示的部位标注一个索引符号，以表明该详图的位置，这个索引符号即详图索引符号。详图索引符号采用细实线绘制，圆圈直径为 10mm。如图 1-21 所示，当详图就在本张图纸上时，采用图（a）的形式，详图不在本张图纸上时，采用图（b）～（g）的形式；图（d）～（g）用于索引剖面详图。

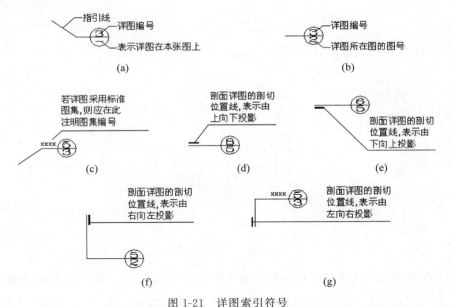

图 1-21 详图索引符号

详图符号即详图的编号，用粗实线绘制，圆圈直径为 14mm，如图 1-22 所示。

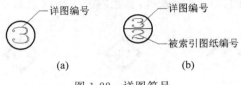

图 1-22 详图符号

（2）引出线。由图样引出一条或多条线段指向文字说明，该线段就是引出线。引出线与水平方向的夹角一般采用 0°、30°、45°、60°、90°。常见的引出线形式如图 1-23 所示。其中,图(a)～(d)为普通引出线,图(e)～(h)为多层构造引出线。使用多层构造引出线时,应注意构造分层的顺序与文字说明的分层顺序一致。文字说明可以放在引出线的端头,如图 1-23(a)～(h)所示,也可以放在引出线水平段之上,如图 1-23(i)所示。

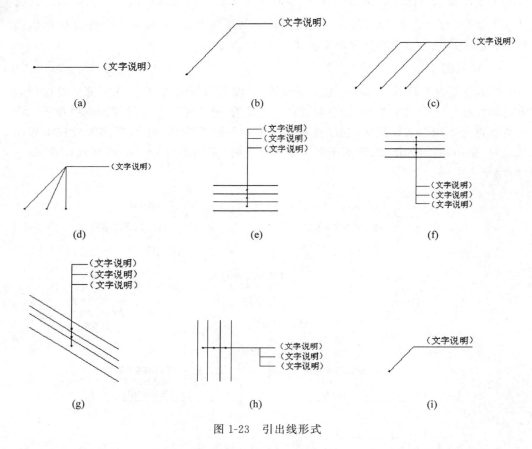

图 1-23　引出线形式

（3）内视符号。内视符号标注在平面图中,用于表示室内立面图的位置及编号,建立平面图和室内立面图之间的联系。内视符号的形式如图 1-24 所示,图(a)为单向内视符号;图(b)为双向内视符号;图(c)为四向内视符号,A、B、C、D 顺时针标注。立面图编号可用英文字母或阿拉伯数字表示,黑色的箭头指向表示立面的方向。

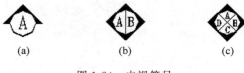

图 1-24　内视符号

其他常用符号图例如表 1-4 和表 1-5 所示。

表1-4 建筑常用符号图例

符 号	说 明	符 号	说 明
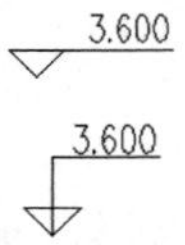 ▽ 3.600 ↓ 3.600	标高符号,线上数字为标高值,单位为m。 下面的符号在标注位置比较拥挤时采用	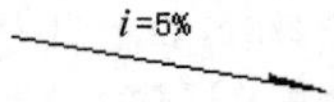 $i=5\%$	表示坡度
 ① Ⓐ	轴线号	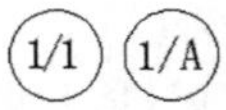 1/1 1/A	附加轴线号
1 ⌐ ¬ 1	标注剖切位置的符号,标数字的方向为投影方向,"1"与剖面图的编号"1—1"对应	2 — — 2	标注绘制断面图的位置,标数字的方向为投影方向,"2"与断面图的编号"2—2"对应
	对称符号。在对称图形的中轴位置画此符号,可以省画另一半图形		指北针
	方形坑槽	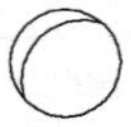	圆形坑槽
	方形孔洞		圆形孔洞
@	表示重复出现的固定间隔,如双向木格栅@500	ϕ	表示直径,如ϕ30
平面图 1:100	图名及比例	① 1:5	索引详图名及比例
宽×高或ϕ 底(顶或中心)标高	墙体预留洞	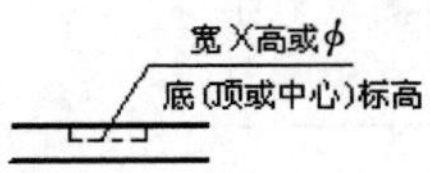 宽×高或ϕ 底(顶或中心)标高	墙体预留槽
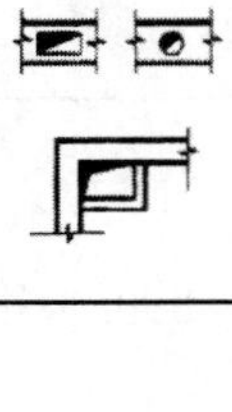	烟道	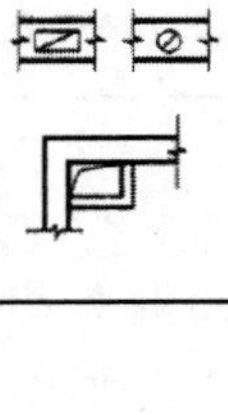	通风道

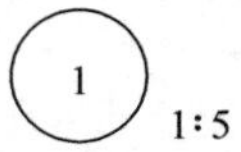

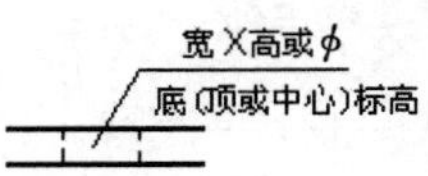

表 1-5 总图常用符号图例

符　号	说　明	符　号	说　明
	新建建筑物,用粗线绘制。 需要时,表示出入口位置▲及层数 X。 轮廓线以±0.00 处外墙定位轴线或外墙皮线为准。 需要时,地上建筑用中实线绘制,地下建筑用细虚线绘制	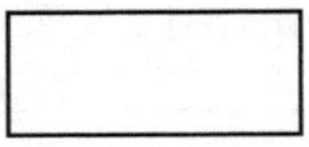	原有建筑,用细线绘制
	拟扩建的预留地或建筑物,用中虚线绘制		新建地下建筑或构筑物,用粗虚线绘制
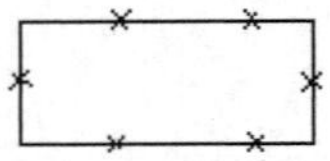	拆除的建筑物,用细实线表示	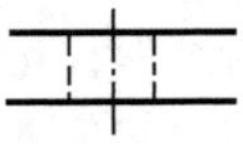	建筑物下面的通道
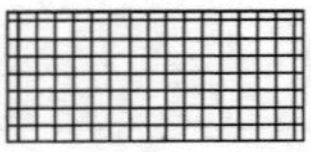	广场铺地	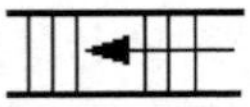	台阶,箭头指向表示向上
	烟囱。实线为下部直径,虚线为基础。 必要时,可注写烟囱的高度和上、下口直径	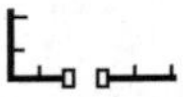	实体性围墙
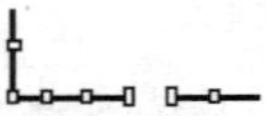	通透性围墙		挡土墙。被挡土在"突出"的一侧
	填挖边坡。边坡较长时,可在一端或两端局部表示		护坡。边坡较长时,可在一端或两端局部表示
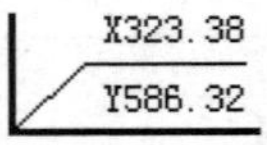 X323.38 Y586.32	测量坐标	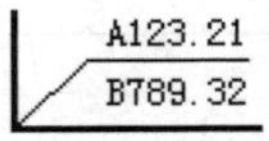 A123.21 B789.32	建筑坐标
 32.36(±0.00)	室内标高	 32.36	室外标高

6. 常用材料符号

建筑图中经常应用材料图例来表示材料,在无法用图例表示的地方,也可采用文字说明。常用的材料图例如表 1-6 所示。

表 1-6 常用的材料图例

材料图例	说明	材料图例	说明
	自然土壤		夯实土壤
	毛石砌体		普通砖
	石材		砂、灰土
	空心砖		松散材料
	混凝土		钢筋混凝土
	多孔材料		金属
	矿碴、炉碴		玻璃
	纤维材料		防水材料。 　上、下两种根据绘图比例大小选用
	木材		液体,须注明液体名称

7. 常用绘图比例

下面列出常用绘图比例,读者根据实际情况灵活使用。

(1) 总图:1∶500,1∶1000,1∶2000。

(2) 平面图:1∶50,1∶100,1∶150,1∶200,1∶300。

(3) 立面图:1∶50,1∶100,1∶150,1∶200,1∶300。

(4) 剖面图:1∶50,1∶100,1∶150,1∶200,1∶300。

(5) 局部放大图:1∶10,1∶20,1∶25,1∶30,1∶50。

(6) 配件及构造详图:1∶1,1∶2,1∶5,1∶10,1∶15,1∶20,1∶25,1∶30,1∶50。

1.3.3 建筑制图的内容及图纸编排顺序

1.建筑制图内容

建筑制图的内容包括总图、平面图、立面图、剖面图、构造详图、透视图、设计说明、图纸封面、图纸目录等。

2.图纸编排顺序

图纸编排顺序一般应为图纸目录、总图、建筑图、结构图、给水排水图、暖通空调图、电气图等。对于建筑专业,一般顺序为目录、施工图设计说明、附表(装修做法表、门窗表等)、平面图、立面图、剖面图、详图等。

AutoCAD 2022基础

　　本章开始循序渐进地介绍 AutoCAD 2022 绘图的有关基本知识，了解如何设置图形的系统参数、样板图，熟悉建立新的图形文件、打开已有文件的方法等，为后面系统学习准备必要的前提知识。

学 习 要 点

◆ 操作界面
◆ 基本输入操作
◆ 文件的管理

2.1　操作界面

AutoCAD 2022 中文版的操作界面如图 2-1 所示，包括标题栏、功能区、绘图区、快速访问工具栏、状态栏等。

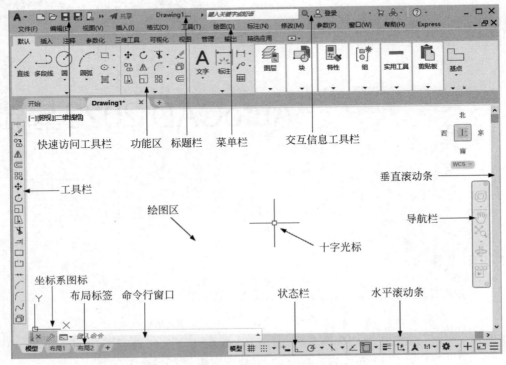

图 2-1　AutoCAD 2022 中文版的操作界面

☏ **注意**：需要将 AutoCAD 的工作空间切换到"草图与注释"模式下（单击操作界面右下角中的"切换工作空间"按钮，在打开的菜单中选择"草图与注释"命令），才能显示如图 2-1 所示的操作界面。本书稿中的所有操作均在"草图与注释"模式下进行。

☏ **注意**：安装 AutoCAD 2022 后，在绘图区中右击，打开快捷菜单，如图 2-2 所示，❶选择"选项"命令，打开"选项"对话框，❷选择"显示"选项卡，❸在"窗口元素"选项组中的"颜色主题"下拉列表中选择"明"，如图 2-3 所示，❹单击"确定"按钮，退出对话框。其操作界面如图 2-1 所示。

2.1.1　菜单栏

❶单击快速访问工具栏右侧的 ▼，❷在下拉菜单中选择"显示菜单栏"选项，如图 2-4 所示；调出后的菜单栏如图 2-5 所示。AutoCAD 2022 的菜单栏位于标题栏的下方，包含以下菜单："文件""编辑""视图""插入""格式""工具""绘图""标注""修改""参数""窗口""帮助"等，这些菜单几乎包含了所有绘图命令。一般来讲，AutoCAD 2022 菜单中的命令有以下三种。

图 2-2 快捷菜单

图 2-3 "选项"对话框

图 2-4 调出菜单栏

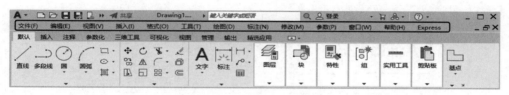

图 2-5 菜单栏显示界面

1．带有小三角形标志的菜单命令

带有小三角形标志的菜单命令后面带有子菜单。例如，单击"绘图"菜单，选择其下拉菜单中的"圆"命令，屏幕上就会进一步下拉出"圆"子菜单中所包含的命令，如图 2-6 所示。

2．激活相应对话框的菜单命令

激活相应对话框的菜单命令后面带有省略号。例如，单击"格式"菜单，选择其下拉菜单中的"文字样式"命令（图 2-7）就会打开对应的"文字样式"对话框，如图 2-8 所示。

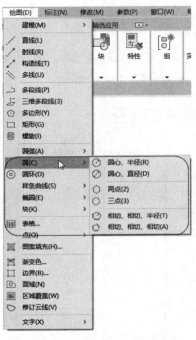

图 2-6　带有子菜单的菜单命令

图 2-7　激活相应对话框的菜单命令

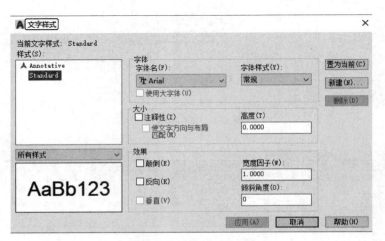

图 2-8　"文字样式"对话框

3. 直接操作的菜单命令

选择直接操作的菜单命令将直接进行相应的绘图或其他操作。例如,选择菜单栏中的"视图"→"重画"命令,系统将直接对屏幕图形进行重画。

2.1.2 绘图区

绘图区是绘制图形的区域,设计图形的主要工作都是在绘图区完成的。

1. 十字光标

在绘图区中,有一个作用类似光标的十字线,其交点反映了光标在当前坐标系中的位置,该十字线称为光标,系统通过光标显示当前点的位置。十字线的方向与当前用户坐标系的 X 轴、Y 轴的方向平行。十字线长度预设为屏幕大小的 5%,可以修改十字光标的大小。

2. 坐标系图标

在绘图区的左下角,有一个箭头指向图标,称为坐标系图标,见图 2-1,表示绘图时正使用的坐标系形式。坐标系图标的作用是为点的坐标确定一个参照系。根据工作需要,可以选择将其关闭。方法如下:选择菜单栏中的❶"视图"→❷"显示"→❸"UCS图标"→❹"开"命令,如图 2-9 所示。

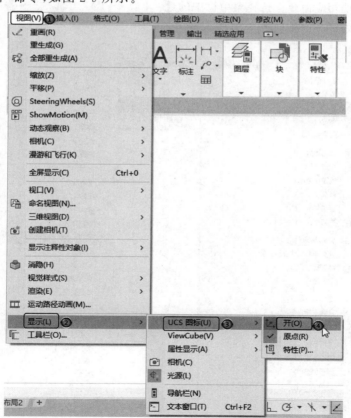

图 2-9 设置坐标系图标是否可见

3．布局标签

AutoCAD 2022 系统默认设定一个模型空间布局标签和"布局 1""布局 2"两个图纸空间布局标签。

（1）布局是系统为绘图设置的一种环境，包括图纸大小、尺寸单位、角度设定、数值精确度等。在系统预设的三个标签中，这些环境变量都按默认设置。可以根据实际需要改变这些变量的值，也可以设置符合自己要求的新标签。

（2）AutoCAD 的空间分为模型空间和图纸空间。模型空间是通常绘图的环境；在图纸空间中，可以创建名为"浮动视口"的区域，以不同的视图显示所绘的图形。可以在图纸空间中调整浮动视口并决定所包含视图的缩放比例。如果选择图纸空间，既可打印多个视图，也可以打印任意布局的视图。

AutoCAD 2022 系统默认打开模型空间，可以通过单击选择需要的布局。

2.1.3　工具栏

工具栏是一组图标型工具的集合，把鼠标指针移动到某个图标上，稍停片刻即在该图标一侧显示相应的工具提示，同时在状态栏中显示对应的说明和命令名。此时，单击该图标可以启动相应命令。选择菜单栏中的 ❶"工具"→ ❷"工具栏"→ ❸"AutoCAD"命令，调出所需的工具栏，如图 2-10 所示。

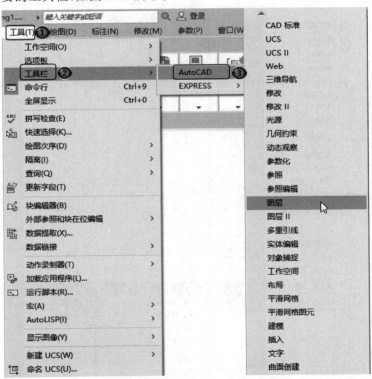

图 2-10　调出工具栏

Note

将光标放在任一工具栏的非标题区,右击,系统会自动打开单独的工具栏标签。单击其中某一个未在界面显示的工具栏名,系统自动打开该工具栏;反之,将关闭该工具栏。另外,可以拖动浮动工具栏到图形区边界,使它变为固定工具栏,此时该工具栏标题隐藏。也可以把固定工具栏拖出,使它成为浮动工具栏,如图2-11所示。

图2-11　浮动工具栏

有些图标的右下角带有一个小三角标志,单击打开相应的工具栏,如图2-12所示,按住鼠标左键不放,将光标移动到某一图标上后松开鼠标左键,该图标就成为当前图标。单击当前图标,将执行相应命令。

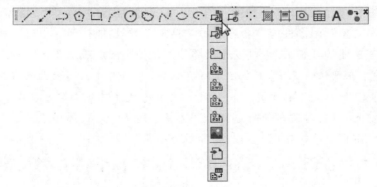

图2-12　下拉工具栏

2.1.4　命令窗口

命令窗口是输入命令名和显示命令提示的区域,默认的命令窗口布置在绘图区下方,由若干文本行组成。

移动拆分条,可以扩大与缩小命令窗口。拖动命令窗口,可以设置其在屏幕上的位置。

可以用文本窗口的形式来显示命令窗口。按 F2 键,弹出 AutoCAD 文本窗口,可以用文本编辑的方法进行编辑,如图 2-13 所示。AutoCAD 文本窗口和命令窗口的内容相同,显示当前 AutoCAD 进程中命令的输入和执行过程,在执行某些 AutoCAD 命令时,它会自动切换到文本窗口,列出有关信息。

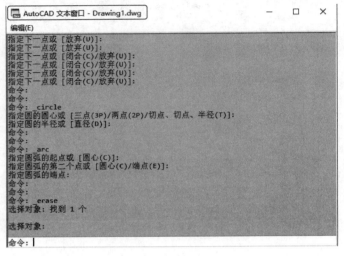

图 2-13　文本窗口

2.1.5　状态栏

状态栏在操作界面的底部,依次有"坐标""模型空间""栅格""捕捉模式""推断约束""动态输入""正交模式""极轴追踪""等轴测草图""对象捕捉追踪""二维对象捕捉""线宽""透明度""选择循环""三维对象捕捉""动态 UCS""选择过滤""小控件""注释可见性""自动缩放""注释比例""切换工作空间""注释监视器""单位""快捷特性""锁定用户界面""隔离对象""图形性能""全屏显示""自定义"等功能按钮。单击这些开关按钮,可以实现这些功能的开和关,也可以通过部分按钮控制图形或绘图区的状态。

注意:在默认情况下,不会显示所有工具,可以通过状态栏上最右侧的按钮,选择要从"自定义"菜单显示的工具。状态栏上显示的工具可能会发生变化,具体取决于当前的工作空间,以及当前显示的是"模型"选项卡还是"布局"选项卡。

下面对状态栏上的按钮(图 2-14)做简单介绍。

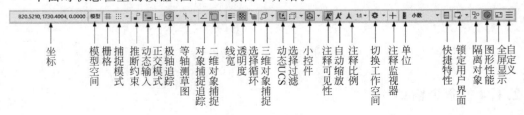

图 2-14　状态栏

（1）坐标：显示工作区鼠标指针放置点的坐标。

（2）模型空间：在模型空间与布局空间之间进行转换。

（3）栅格：栅格是覆盖整个用户坐标系（UCS）XY平面的直线或点组成的矩形图案。使用栅格类似于在图形下放置一张坐标纸。可以利用栅格对齐对象，并直观显示对象之间的距离。

（4）捕捉模式：对象捕捉对于在对象上指定精确位置非常重要。不论何时提示输入点，都可以指定对象捕捉。在默认情况下，当光标移到对象捕捉位置时，将显示标记和工具提示。

（5）推断约束：自动在正在创建或编辑的对象与对象捕捉的关联对象或点之间应用约束。

（6）动态输入：在光标附近显示出一个提示框（称为"工具提示"），工具提示中显示出对应的命令提示和光标的当前坐标值。

（7）正交模式：将光标限制为在水平或垂直方向上移动，以便于精确地创建和修改对象。当创建或移动对象时，可以使用正交模式将光标限制在相对于用户坐标系（UCS）的水平或垂直方向上。

（8）极轴追踪：使用极轴追踪，光标将按指定角度进行移动。创建或修改对象时，可以使用"极轴追踪"来显示由指定的极轴角度所定义的临时对齐路径。

（9）等轴测草图：通过设定"等轴测捕捉/栅格"，可以很容易地沿三个等轴测平面之一对齐对象。尽管等轴测图形看似三维图形，但它实际上是由二维图形表示。因此，不能期望提取三维距离和面积、从不同视点显示对象或自动消除隐藏线。

（10）对象捕捉追踪：使用对象捕捉追踪，可以沿着基于对象捕捉点的对齐路径进行追踪。已获取的点将显示一个小加号（＋），一次最多可以获取7个追踪点。获取点之后，在绘图路径上移动光标，将显示相对于获取点的水平、垂直或极轴对齐路径。例如，可以基于对象端点、中点或者对象的交点，沿着某个路径选择一点。

（11）二维对象捕捉：使用执行对象捕捉设置（也称为对象捕捉），可以在对象上的精确位置指定捕捉点。选择多个选项后，将应用选定的捕捉模式，以返回距离靶框中心最近的点。按Tab键，可以在这些选项之间循环。

（12）线宽：分别显示对象所在图层中设置的不同宽度，而不是统一线宽。

（13）透明度：使用该命令，调整绘图对象显示的明暗程度。

（14）选择循环：当一个对象与其他对象彼此接近或重叠时，准确地选择某一个对象是很困难的。使用选择循环的命令，单击，弹出"选择集"列表框，里面列出了单击点周围的图形，然后在列表中选择所需的对象。

（15）三维对象捕捉：三维中的对象捕捉与在二维中工作的方式类似，不同之处在于在三维中可以投影对象捕捉。

（16）动态UCS：在创建对象时，使UCS的XY平面自动与实体模型上的平面临时对齐。

（17）选择过滤：根据对象特性或对象类型对选择集进行过滤。当按下图标后，只选择满足指定条件的对象，其他对象将被排除在选择集之外。

（18）小控件：帮助用户沿三维轴或平面移动、旋转或缩放一组对象。

（19）注释可见性：当图标亮显时，表示显示所有比例的注释性对象；当图标变暗时，表示仅显示当前比例的注释性对象。

（20）自动缩放：更改注释比例时，自动将比例添加到注释对象。

（21）注释比例：单击注释比例右下角小三角符号，界面弹出注释比例列表，如图 2-15 所示，可以根据需要选择适当的注释比例。

（22）切换工作空间：进行工作空间转换。

（23）注释监视器：打开仅用于所有事件或模型文档事件的注释监视器。

（24）单位：指定线性和角度单位的格式和小数位数。

（25）快捷特性：控制快捷特性面板的使用与禁用。

（26）锁定用户界面：按下该按钮，可锁定工具栏、面板和可固定窗口的位置和大小。

（27）隔离对象：当选择隔离对象时，在当前视图中显示选定对象，所有其他对象都暂时隐藏；当选择隐藏对象时，在当前视图中暂时隐藏选定对象，所有其他对象都可见。

图 2-15　注释比例

（28）图形性能：用于设定图形卡的驱动程序以及设置硬件加速的选项。

（29）全屏显示：该选项可以清除 Windows 窗口中的标题栏、功能区和选项板等界面元素，使 AutoCAD 的绘图窗口全屏显示，如图 2-16 所示。

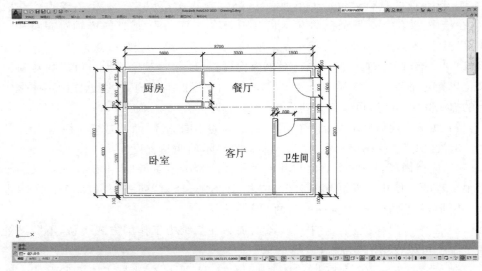

图 2-16　全屏显示

（30）自定义：状态栏可以提供重要信息，而无须中断工作流。使用 MODEMACRO 系统变量可将应用程序所能识别的大多数数据显示在状态栏中。使用该系统变量的计算、判断和编辑功能可以完全按照用户的要求构造状态栏。

2.2 基本输入操作

在 AutoCAD 中,有一些基本的输入操作方法,这些基本方法是进行 AutoCAD 绘图的必备知识基础,也是深入学习 AutoCAD 功能的前提。

2.2.1 命令的输入

运用 AutoCAD 绘图时必须输入必要的指令和参数。下面介绍几种 AutoCAD 命令输入方式。

(1) 在命令行中输入命令名。命令字符可以不区分大小写。执行命令时,在命令行提示中经常会出现命令选项。例如:输入绘制直线命令"line"后,命令行中的提示如下。

```
命令:line↙
指定第一个点:(在屏幕上指定一点或输入一个点的坐标)
指定下一点或[放弃(U)]:
```

选项中不带括号的提示为默认选项,因此可以直接输入直线段的起点坐标或在屏幕上指定一点。如果要选择其他选项,则应该首先输入该选项的标识字符,如"放弃"选项的标识字符"U",然后按系统提示输入数据即可。在命令选项的后面有时还带有尖括号,尖括号内的数值为默认数值。

(2) 在命令行中输入命令缩写字母,例如 l(line)、c(circle)、a(arc)、z(zoom)、r(redraw)、m(more)、co(copy)、pl(pline)、e(erase)等。

(3) 在菜单栏中单击相应菜单选择所需的命令。选取命令后,在状态栏中可以看到对应的命令说明及命令名。

(4) 单击工具栏中的对应图标。单击图标后在状态栏中也可以看到对应的命令说明及命令名。

(5) 在绘图区中打开右键快捷菜单。如果在前面刚使用过要输入的命令,可以在绘图区中打开右键快捷菜单,在"最近的输入"子菜单(图 2-17)中选择需要的命令。

(6) 在命令行直接按 Enter 键。如果要重复使用上次使用的命令,可以直接在命令行按 Enter 键,系统将立即重复执行上次使用的命令。这种方法适用于重复执行某个命令。

2.2.2 命令的重复、撤销、重做

1. 命令的重复

在命令行中按 Enter 键可重复调用上一个命令,无论上一个命令是完成了还是被取消了。

图 2-17　绘图区右键快捷菜单

2．命令的撤销

在命令执行的任何时刻，都可以取消和终止命令的执行。

执行方式如下。

命令行：undo。

菜单栏：选择菜单栏中的"编辑"→"放弃"命令。

工具栏：单击"标准"工具栏中的"放弃"按钮 ⇦ ▾ 。

快捷键：Esc。

3．命令的重做

已经被撤销的命令还可以恢复重做。

执行方式如下。

命令行：redo。

菜单栏：选择菜单栏中的"编辑"→"重做"命令。

工具栏：单击"快速访问"工具栏中的"重做"按
钮 ⇨ ▾ 。

该命令可以一次执行多重重做操作。单击"快速访问"工
具栏中"重做"按钮 ⇨ ▾ 右边的下拉箭头，可以选择要重做的
操作，如图 2-18 所示。

图 2-18　多重重做

2.2.3　数据的输入

由于数据的输入方法与坐标系密切相关，因此首先介绍一下坐标系。

1．坐标系

AutoCAD 采用两种坐标系：世界坐标系（WCS）与用户坐标系（UCS）。刚打开

AutoCAD 时的坐标系就是世界坐标系,是固定的坐标系统。世界坐标系也是坐标系中的基准,绘制图形时多数情况下都是在这个坐标系统下进行的。

AutoCAD 有两种视图显示方式:模型空间和图纸空间。模型空间使用单一视图显示,通常使用的都是这种显示方式;图纸空间能够在绘图区创建图形的多视图,可以对其中每一个视图进行单独操作。在默认情况下,当前 UCS 与 WCS 重合。如图 2-19 所示,图 2-19(a)为模型空间下的 UCS 坐标系图标,通常位于绘图区左下角处;也可以将其放在当前 UCS 的实际坐标原点位置,如图 2-19(b)所示。图 2-19(c)为图纸空间下的坐标系图标。

图 2-19　坐标系图标

执行方式如下。

命令行:ucs。

菜单栏:选择菜单栏中的"工具"→"新建 UCS"子菜单中相应的命令。

工具栏:单击"UCS"工具栏中的相应按钮。

可以使用一点、两点或三点定义一个新的 UCS。如果指定一点,当前 UCS 的原点将会移动,而不会更改 X 轴、Y 轴、Z 轴的方向。

2. 数据的输入方法

在 AutoCAD 2022 中,点的坐标可以用直角坐标、极坐标、球面坐标和柱面坐标表示,每一种坐标又分别具有两种坐标输入方式:绝对坐标和相对坐标。其中直角坐标和极坐标最为常用。

(1) 直角坐标法:用点的 X、Y 坐标值表示的坐标。

在命令行中输入点的坐标提示下,输入"15,18",则表示输入一个 X、Y 的坐标值分别为 15、18 的点,此为绝对坐标输入方式,表示该点的坐标是相对于当前坐标原点的坐标值,如图 2-20(a)所示。如果输入"@10,20",则为相对坐标输入方式,表示该点的坐标是相对于前一点的坐标值,如图 2-20(b)所示。

(2) 极坐标法:用长度和角度表示的坐标,只能用来表示二维点的坐标。

在绝对坐标输入方式下,表示为"长度<角度",如"25<50",其中,长度为该点到坐标原点的距离,角度为该点至原点的连线与 X 轴正向的夹角,如图 2-20(c)所示。

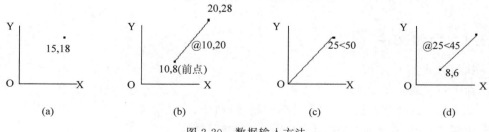

图 2-20　数据输入方法

在相对坐标输入方式下,表示为"@长度＜角度",如"@25＜45",其中,长度为该点到前一点的距离,角度为该点至前一点的连线与X轴正向的夹角,如图2-20(d)所示。

AutoCAD提供了如下几种输入点的方式。

(1)直接在命令行中输入点的坐标。直角坐标有两种输入方式,即"x,y"(点的绝对坐标值。例如:"100,50")和"@ x,y"(相对于上一点的相对坐标值。例如:"@ 50,－30")。坐标值均相对于当前的用户坐标系。极坐标的输入方式为:"长度＜角度"(其中,长度为点到坐标原点的距离,角度为原点至该点的连线与X轴的正向夹角。例如:"20＜45")或"@长度＜角度"(相对于上一点的相对极坐标。例如:"@ 50＜－30")。

(2)用鼠标在屏幕上直接取点。

(3)用目标捕捉方式捕捉屏幕上已有图形的特殊点(如端点、中点、中心点、插入点、交点、切点、垂足点等)。

(4)直接输入距离:先用光标拖出橡筋线确定方向,然后用键盘输入距离。这样有利于准确控制对象的长度等参数。

在AutoCAD中,有时需要提供高度、宽度、半径、长度等距离值。AutoCAD提供了两种方法:一种是在命令行中直接输入数值;另一种是在屏幕上拾取两点,以两点的距离值定出所需数值。

上面介绍了点和距离的输入,接下来介绍一下AutoCAD的动态数据输入功能。

单击状态栏上的"DYN"按钮,系统打开动态输入功能,可以在屏幕上动态地输入某些参数数据。例如,绘制直线时,在光标附近会动态地显示"指定第一个点"以及后面的坐标框,当前显示的是光标所在位置,可以输入数据,两个数据之间以逗号隔开,如图2-21所示。指定第一点后,系统动态显示直线的角度,同时要求输入线段长度值,如图2-22所示,其输入效果与"@长度＜角度"方式相同。

图2-21 动态输入坐标值

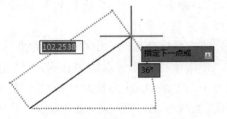

图2-22 动态输入长度值

2.3 文件的管理

2.3.1 新建文件

执行方式如下。

命令行:new 或 qnew。

菜单栏:选择菜单栏中的"文件"→"新建"命令。

工具栏:单击"标准"工具栏中的"新建"按钮 。

执行以上操作之一,系统打开如图 2-23 所示的"选择样板"对话框。

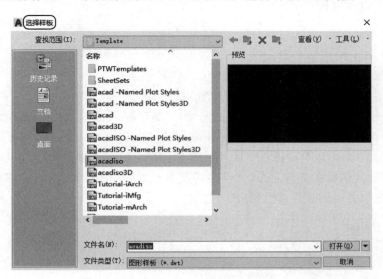

图 2-23　"选择样板"对话框

执行 qnew 命令时,系统立即从所选的图形样板中创建新图形,而不显示任何对话框或提示。使用此方式快速创建图形功能之前必须进行设置。操作步骤如下。

(1) 将 FILEDIA 系统变量设置为 1;将 STARTUP 系统变量设置为 0(系统变量用于控制某些命令工作方式的设置。某些系统变量可以使用位代码进行控制,可以添加值,以指定唯一的行为组合)。

(2) 选择"工具"→"选项"命令,打开"选项"对话框。❶ 在"文件"选项卡中,❷ 单击"样板设置"节点下的 ❸"快速新建的默认样板文件名"分节点,如图 2-24 所示,❹ 单击"浏览"按钮,打开"选择文件"对话框,然后选择需要的样板文件。

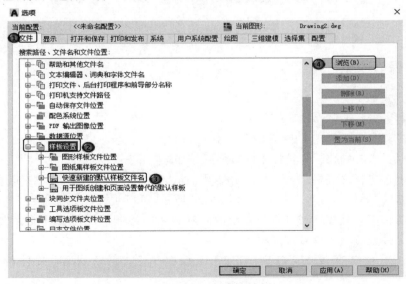

图 2-24　"选项"对话框的"文件"选项卡

2.3.2　打开文件

执行方式如下。

命令行：open。

菜单栏：选择菜单栏中的"文件"→"打开"命令。

工具栏：单击"标准"工具栏中的"打开"按钮 ⊃。

执行上述操作之一后，系统打开"选择文件"对话框，如图2-25所示，在"文件类型"下拉列表中可选择dwg文件、dwt文件、dws文件和dxf文件。dwg文件是保存矢量图形的标准文件；dwt是图形样板文件的扩展名；dws文件是包含标准图层、标注样式、线型和文字样式的样板文件；dxf文件是用文本形式存储的图形文件，能够被其他程序读取，许多第三方应用软件都支持dxf格式。

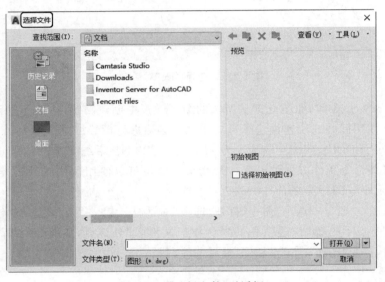

图2-25　"选择文件"对话框

2.3.3　保存文件

执行方式如下。

命令行：qsave（或save）。

菜单栏：选择菜单栏中的"文件"→"保存"命令。

工具栏：单击"标准"工具栏中的"保存"按钮 🖫。

执行上述操作之一后，若文件已命名，则AutoCAD自动保存；若文件未命名，则系统将自动打开"图形另存为"对话框，如图2-26所示，可以对文件进行命名。

为了防止因意外操作或计算机系统故障导致正在绘制的图形文件的丢失，可以对当前图形文件设置自动保存，方法如下。

（1）利用系统变量SAVEFILEPATH设置所有"自动保存"文件的位置，如C:\HU\。

（2）利用系统变量SAVEFILE存储"自动保存"文件名。该系统变量存储的文件

Note

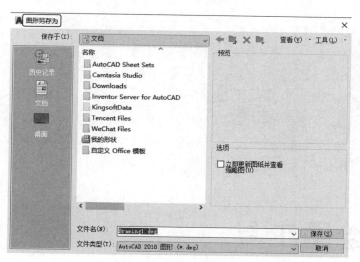

图 2-26　"图形另存为"对话框

名文件是只读文件,可以从中查询自动保存的文件名。

（3）利用系统变量 SAVETIME 指定在使用"自动保存"时多长时间保存一次图形,单位是分。

2.3.4　另存文件

1．执行方式

命令行：saveas。

菜单栏：选择菜单栏中的"文件"→"另存为"命令。

2．操作格式

执行上述操作之一后,系统打开"图形另存为"对话框,如图 2-26 所示,AutoCAD 将以指定的新文件名保存。

2.3.5　退出文件

1．执行方式

命令行：quit 或 exit。

菜单栏：选择菜单栏中的"文件"→"退出"命令。

按钮：单击"关闭"按钮 ✖ 。

2．操作格式

命令：quit ↙（或 exit ↙）

执行上述命令后,若对图形所做的修改尚未保存,则会出现系统警告提示框。此时若单击"是"按钮,系统将保存文件,然后退出;若单击"否"按钮,系统将不保存文件;若对图形所做的修改已经保存,则直接退出。

第3章

辅助绘图工具

为了快捷准确地绘制图形，AutoCAD 提供了多种必要的辅助绘图工具，如对象选择工具、对象捕捉工具、栅格、正交模式、缩放和平移等。利用这些工具，可以方便、迅速、准确地实现图形的绘制和编辑，不仅可提高工作效率，而且能更好地保证图形的质量。本章将介绍栅格、正交、对象捕捉、对象追踪、极轴、动态输入、缩放和平移等知识。

学 习 要 点

◆ 精确定位工具
◆ 对象捕捉工具
◆ 动态输入
◆ 图层的操作
◆ 显示控制

3.1 精确定位工具

精确定位工具是指能够帮助快速准确地定位某些特殊点(如端点、中点、圆心等)和特殊位置(如水平位置、垂直位置)的工具,包括"坐标""模型空间""栅格""捕捉模式""推断约束""动态输入""正交模式""极轴追踪""等轴测草图""对象捕捉追踪""二维对象捕捉""线宽""透明度""选择循环""三维对象捕捉""动态 UCS""选择过滤""小控件""注释可见性""自动缩放""注释比例""切换工作空间""注释监视器""单位""快捷特性""锁定用户界面""隔离对象""图形特性""全屏显示""自定义"这 30 个功能按钮,如图 2-14 所示。

3.1.1 正交模式

在使用 AutoCAD 绘图的过程中,经常需要绘制水平直线和垂直直线,但是用鼠标拾取线段的端点时很难保证两个点严格沿着水平或垂直方向,为此,AutoCAD 提供了正交功能。当启用正交模式时,画线或移动对象时只能沿水平方向或垂直方向移动光标,因此只能绘制平行于坐标轴的正交线段。

1. 执行方式

命令行:ortho。

状态栏:正交 。

快捷键:F8。

2. 操作格式

命令:ortho↙
输入模式[开(ON)/关(OFF)] <开>:(设置开或关)

3.1.2 栅格工具

可以使用显示栅格工具使绘图区出现可见的网格。栅格工具是一个形象的画图工具,就像传统的坐标纸一样。本节介绍控制栅格的显示及设置栅格参数的方法。

执行方式如下。

菜单栏:选择菜单栏中的"工具"→"绘图设置"命令。

状态栏:栅格显示 (仅限于打开与关闭)。

快捷键:F7(仅限于打开与关闭)。

执行上述命令后打开"草图设置"对话框的"捕捉和栅格"选项卡,如图 3-1 所示。其中,"启用栅格"复选框用于控制是否显示栅格。"栅格 X 轴间距"和"栅格 Y 轴间距"文本框用来设置栅格在水平与垂直方向的间距,如果"栅格 X 轴间距"和"栅格 Y 轴间距"文本框设置为 0,则 AutoCAD 会自动将捕捉栅格间距应用于栅格,且其原点和角度总是与捕捉栅格的原点和角度相同。当然，也可以通过 Grid 命令在命令行设置栅格间距，此处不再赘述。

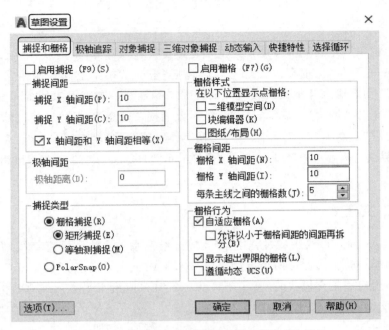

图 3-1　"草图设置"对话框的"捕捉和栅格"选项卡

☎ **注意**：在"栅格 X 轴间距"和"栅格 Y 轴间距"文本框中输入数值时，若在"栅格 X 轴间距"文本框中输入一个数值后按 Enter 键，则 AutoCAD 自动传送这个值给"栅格 Y 轴间距"，这样可减少工作量。

3.1.3　捕捉工具

为了准确地在屏幕上捕捉点，AutoCAD 提供了捕捉工具，可以在屏幕上生成一个隐含的栅格（捕捉栅格），这个栅格能够捕捉光标，约束它只能落在栅格的某一个节点上，以便能够高精确度地捕捉和选择这个栅格上的点。本节介绍捕捉栅格的参数设置方法。

1．执行方式

菜单栏：选择菜单栏中的"工具"→"绘图设置"命令。

状态栏：捕捉模式 ▦（仅限于打开与关闭）。

快捷键：F9（仅限于打开与关闭）。

执行上述操作之一后打开"草图设置"对话框，打开其中的"捕捉和栅格"选项卡，如图 3-1 所示。

2．选项说明

"捕捉和栅格"选项卡各个选项含义如表 3-1 所示。

表3-1 "捕捉和栅格"选项卡各个选项含义

选 项	含 义
"启用捕捉"复选框	控制捕捉功能的开关
"捕捉间距"选项组	设置捕捉各参数。其中,"捕捉 X 轴间距"与"捕捉 Y 轴间距"参数确定捕捉栅格点在水平和垂直两个方向上的间距
"极轴间距"选项组	该选项组只有在捕捉类型设为"极轴捕捉"时才可用。可以在"极轴距离"文本框中输入距离值,也可以通过命令行命令 SNAP 设置捕捉有关参数
"捕捉类型"选项组	确定捕捉类型和样式。AutoCAD 提供了两种捕捉栅格的方式:栅格捕捉和极轴捕捉(PolarSnap)。栅格捕捉是指按正交位置捕捉位置点,而极轴捕捉则可以根据设置的任意极轴角捕捉位置点。 栅格捕捉又分为矩形捕捉和等轴测捕捉两种方式。在矩形捕捉方式下捕捉栅格是标准的矩形,在等轴测捕捉方式下捕捉栅格和光标十字线不再互相垂直,而是成绘制等轴测图时的特定角度,这种方式对于绘制等轴测图是十分方便的

3.2 对象捕捉工具

在利用 AutoCAD 画图时经常要用到一些特殊的点,例如圆心、切点、线段或圆弧的端点、中点等,如果用鼠标拾取,要准确地找到这些点是十分困难的。为此,AutoCAD 提供了一些识别这些点的工具,通过这些工具可以容易地构造新的几何体,使创建的对象精确地画出来,其结果比传统手工绘图更精确、更容易维护。在 AutoCAD 中,这种功能被称为对象捕捉功能。

3.2.1 特殊位置点捕捉

在绘制 AutoCAD 图形时,有时需要指定一些特殊位置的点,例如圆心、端点、中点、平行线上的点等,可以通过对象捕捉功能来捕捉这些点(表3-2)。

表3-2 特殊位置点捕捉

捕捉模式	功 能
临时追踪点	建立临时追踪点
两点之间的中点	捕捉两个独立点之间的中点
自	建立一个临时参考点,作为指出后继点的基点
点过滤器	由坐标选择点
端点	线段或圆弧的端点
中点	线段或圆弧的中点
交点	线、圆弧或圆等的交点

续表

捕 捉 模 式	功　　　能
外观交点	图形对象在视图平面上的交点
延长线	指定对象的延伸线
圆心	圆或圆弧的圆心
象限点	距光标最近的圆或圆弧上可见部分的象限点，即圆周上 0°、90°、180°、270°位置上的点
切点	最后生成的一个点到选中的圆或圆弧上引切线的切点位置
垂足	在线段、圆、圆弧或它们的延长线上捕捉一个点，使之同最后生成的点的连线与该线段、圆或圆弧正交
平行线	绘制与指定对象平行的图形对象
节点	捕捉用 point 或 divide 等命令生成的点
插入点	文本对象和图块的插入点
最近点	离拾取点最近的线段、圆、圆弧等对象上的点
无	关闭对象捕捉模式
对象捕捉设置	设置对象捕捉

AutoCAD 提供了命令行、工具栏和右键快捷菜单 3 种执行特殊点对象捕捉的方法。

1．命令行方式

绘图时，当在命令行中提示输入一点时，输入相应特殊位置点命令，然后根据提示操作即可。

📞 注意：AutoCAD 对象捕捉功能中捕捉垂足（Perpendicular）和捕捉交点（Intersection）等项有延伸捕捉的功能，即如果对象没有相交，AutoCAD 会假想把线或弧延长，从而找出相应的点。

2．工具栏方式

使用如图 3-2 所示的"对象捕捉"工具栏，可以更方便地实现捕捉点的目的。当命令行提示输入一点时，从"对象捕捉"工具栏上单击相应的按钮（把鼠标指针放在图标上时，会显示出该图标功能的提示），然后根据提示操作即可。

图 3-2　"对象捕捉"工具栏

3．右键快捷菜单方式

可通过同时按 Shift 键和鼠标右键来激活快捷菜单，菜单中列出了 AutoCAD 提供的对象捕捉模式，如图 3-3 所示。其操作方法与工具栏相似，只要在 AutoCAD 提示输入点时单击快捷菜单上相应的菜单项，然后按提示操作即可。

3.2.2　对象捕捉设置

在用 AutoCAD 绘图之前，可以根据需要事先设置运行一些对象捕捉模式，绘图时 AutoCAD 能自动捕捉这些特殊点，从而加快绘图速度，提高绘图质量。

1．执行方式

命令行：ddosnap。

菜单栏：选择菜单栏中的"工具"→"绘图设置"命令。

工具栏：单击"对象捕捉"工具栏中的"对象捕捉设置"按钮 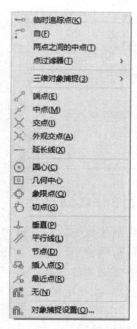。

状态栏：按下状态栏中的"对象捕捉"按钮 □（功能仅限于打开与关闭）。

快捷键：F3（功能仅限于打开与关闭）。

快捷菜单：选择快捷菜单中的"对象捕捉设置"命令（图 3-3）。

2．操作格式

命令:ddosnap↙

执行上述命令后，系统打开"草图设置"对话框。在该对话框中，单击"对象捕捉"标签，打开"对象捕捉"选项卡，如图 3-4 所示。利用此选项卡可以对对象捕捉模式进行设置。

图 3-3　对象捕捉快捷菜单

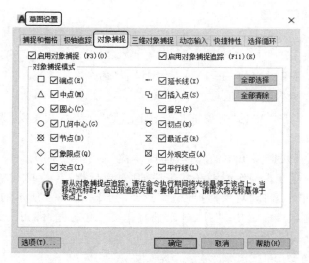

图 3-4　"草图设置"对话框的"对象捕捉"选项卡

3．选项说明

"对象捕捉"选项卡各个选项含义如表 3-3 所示。

表 3-3　"对象捕捉"选项卡各个选项含义

选　　项	含　　义
"启用对象捕捉"复选框	打开或关闭对象捕捉方式。当选中此复选框时，在"对象捕捉模式"选项组中选中的捕捉模式处于激活状态

Note

续表

选 项	含 义
"启用对象捕捉追踪"复选框	打开或关闭自动追踪功能
"对象捕捉模式"选项组	其中列出了各种捕捉模式的复选框,若选中其中某个,则该模式被激活。单击"全部清除"按钮,则所有模式均被清除;单击"全部选择"按钮,则所有模式均被选中。 另外,在对话框的左下角有一个"选项"按钮,单击它可打开"选项"对话框的"草图"选项卡,利用该选项卡可进行捕捉模式的各项设置

3.2.3 自动追踪

利用自动追踪功能可以对齐路径,有助于以精确的位置和角度创建对象。自动追踪包括两种追踪选项:"极轴追踪"和"对象捕捉追踪"。"极轴追踪"是指按指定的极轴角或极轴角的倍数对齐要指定点的路径;"对象捕捉追踪"是指以捕捉到的特殊位置点为基点,按指定的极轴角或极轴角的倍数对齐要指定点的路径。

"极轴追踪"必须配合"极轴"功能和"对象追踪"功能一起使用,即同时打开状态栏上的"极轴"开关和"对象追踪"开关;"对象捕捉追踪"必须配合"对象捕捉"功能和"对象追踪"功能一起使用,即同时打开状态栏上的"对象捕捉"开关和"对象追踪"开关。

1. 对象捕捉追踪设置

执行方式如下。

命令行:ddosnap。

菜单栏:选择菜单栏中的"工具"→"绘图设置"命令。

工具栏:单击"对象捕捉"工具栏中的"对象捕捉设置"按钮 🔒。

状态栏:按下状态栏中的"对象捕捉"按钮 🔲 和"对象捕捉追踪"按钮 ∠。

快捷键:F11。

快捷菜单:选择快捷菜单中的"对象捕捉设置"命令(图 3-3)。

按照上面的执行方式操作或者在状态栏的"对象捕捉"开关或"对象捕捉追踪"开关上右击,在快捷菜单中选择"对象捕捉设置"命令,打开如图 3-4 所示的"草图设置"对话框的"对象捕捉"选项卡;选中"启用对象捕捉追踪"复选框,即可完成对象捕捉追踪设置。

2. 极轴追踪设置

1)执行方式

命令行:ddosnap。

菜单栏:选择菜单栏中的"工具"→"绘图设置"命令。

工具栏:单击"对象捕捉"工具栏中的"对象捕捉设置"按钮 🔒。

状态栏:按下状态栏中的"对象捕捉"按钮 🔲 和"极轴追踪"按钮 ⟳ 。

快捷键:F10。

快捷菜单:选择快捷菜单中的"对象捕捉设置"命令(图 3-3)。

按照上面的执行方式操作或者在状态栏的"极轴追踪"开关上右击,在快捷菜单中选择"正在追踪设置"命令,打开如图 3-5 所示的"草图设置"对话框的"极轴追踪"选项卡。

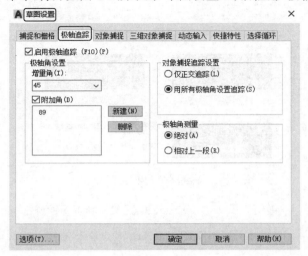

图 3-5 "草图设置"对话框的"极轴追踪"选项卡

2)选项说明

"极轴追踪"选项卡各个选项含义如表 3-4 所示。

表 3-4 "极轴追踪"选项卡各个选项含义

选 项	含 义
"启用极轴追踪"复选框	选中该复选框,即可启用极轴追踪功能
"极轴角设置"选项组	设置极轴角的值。可以在"增量角"下拉列表中选择一种角度值;也可选中"附加角"复选框,单击"新建"按钮设置任意附加角。系统在进行极轴追踪时,同时追踪增量角和附加角。可以设置多个附加角
"对象捕捉追踪设置"和"极轴角测量"选项组	按界面提示设置相应单选选项

3.3 动 态 输 入

可以在绘图平面直接动态地输入绘制对象的各种参数,使绘图变得直观简捷。

1. 执行方式

命令行:dsettings。

菜单栏:选择菜单栏中的"工具"→"绘图设置"命令。

工具栏:单击"对象捕捉"工具栏中的"对象捕捉设置"按钮 🔒 。

状态栏:按下状态栏中的"动态输入"按钮 ╋ (仅限于打开与关闭)。

快捷键:F12(仅限于打开与关闭)。

快捷菜单:选择快捷菜单中的"对象捕捉设置"命令(图 3-3)。

按照上面的执行方式操作或者在"动态输入"开关 ╋ 上右击,在快捷菜单中选择"动态输入设置"命令,打开如图 3-6 所示的"草图设置"对话框的"动态输入"选项卡。

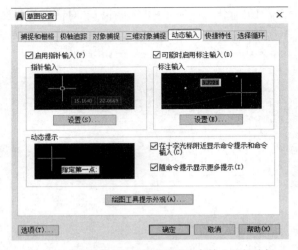

图 3-6　"草图设置"对话框的"动态输入"选项卡

2．选项说明

"动态输入"选项卡各个选项含义如表 3-5 所示。

表 3-5　"动态输入"选项卡各个选项含义

选　项	含　义
"启用指针输入"复选框	打开动态输入的指针输入功能
"指针输入"选项组	单击其中的"设置"按钮，打开"指针输入设置"对话框，如图 3-7 所示，从中可以设置指针输入的格式和可见性
"动态提示"选项组	设置动态输入时内容提示情况
"可能时启用标注输入"复选框	打开标注动态输入功能
"标注输入"选项组	设置标注动态输入时相关参数
"绘图工具提示外观"按钮	用于设置动态提示显示的外观参数
"选项"按钮	打开"选项"对话框进行相关设置

动态输入数据的方法在前面已经讲过，此处不再赘述。

注意：无论指定圆上的哪一点作为切点，系统都会根据圆的半径和指定的大致位置确定准确的切点，并且根据大致指定的点与内外切点的距离，依据距离趋近原则判断是绘制外切线还是内切线。

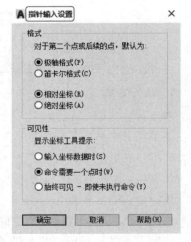

为了便于绘图操作，AutoCAD 还提供了一些控制图形显示的命令，一般这些命令只能改变图形在屏幕上的显示方式，可以按操作者所期望的位置、比例和范围进行显示，以便于观察，但不会使图形产生实质性的改变，既不改变图形的实际尺寸，也不影响实体之间的相对关系。

图 3-7　"指针输入设置"对话框

3.4　图层的操作

AutoCAD 中的图层如同在手工绘图中使用的重叠透明图纸，如图 3-8 所示，可以使用图层来组织不同类型的信息。在 AutoCAD 中，图形的每个对象都位于一个图层上，所有图形对象都具有图层、颜色、线型和线宽这 4 个基本属性。在绘制的时候，图形对象将创建在当前的图层上。AutoCAD 中图层的数量是不受限制的，每个图层都有自己的名称。

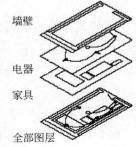

图 3-8　图层示意图

3.4.1　建立新图层

新建的 CAD 文档中只能自动创建一个名为 0 的特殊图层。默认情况下，图层 0 将被指定使用 7 号颜色、Continuous 线型、"默认"线宽以及 Color-7 打印样式。不能删除或重命名图层 0。通过创建新的图层，可以将类型相似的对象指定给同一个图层，使其相关联。例如，可以将构造线、文字、标注和标题栏置于不同的图层上，并为这些图层指定通用特性。通过将对象分类放到各自的图层中，可以快速有效地控制对象的显示以及对其进行更改。

执行方式如下。

命令行：layer。

菜单栏：选择菜单栏中的"格式"→"图层"命令。

工具栏：单击"图层"工具栏中的"图层特性管理器"按钮。

功能区：单击"默认"选项卡"图层"面板中的"图层特性"按钮，或单击"视图"选项卡"选项板"面板中的"图层特性"按钮。

执行上述操作之一后，系统打开"图层特性管理器"选项板，如图 3-9 所示。

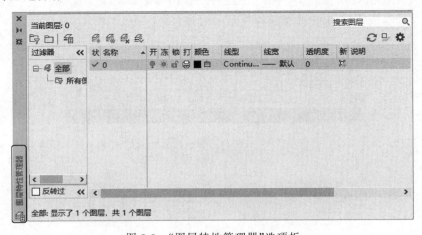

图 3-9　"图层特性管理器"选项板

单击"图层特性管理器"选项板中的"新建图层"按钮，建立新图层，默认的图层名为"图层1"。可以根据绘图需要更改图层名，例如改为"实体层""中心线层"或"标准层"等。

在每个图层属性设置中，包括图层名称、关闭/打开图层、冻结/解冻图层、锁定/解锁图层、图层线条颜色、图层线条线型、图层线条宽度、图层打印样式以及图层是否打印等参数。

1. 设置图层线条颜色

在工程制图中，整个图形包含多种不同功能的图形对象，例如实体、剖面线与尺寸标注等，为了便于直观地区分它们，有必要针对不同的图形对象使用不同的颜色，例如实体层使用白色，剖面线层使用青色等。

需要改变图层的颜色时，可单击图层所对应的颜色图标，打开"选择颜色"对话框，如图3-10所示。它是一个标准的颜色设置对话框，可以使用"索引颜色""真彩色""配色系统"三个选项卡来选择颜色。

2. 设置图层线型

线型是指作为图形基本元素的线条的组成和显示方式，如实线、点划线等。在许多绘图工作中，常常以线型划分图层，为某一个图层设置适合的线型。在绘图时，只需将该图层设置为当前工作层，即可绘制出符合线型要求的图形对象，从而可极大地提高绘图的效率。

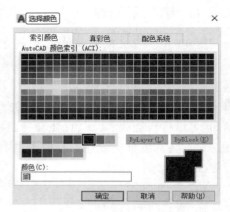

图3-10 "选择颜色"对话框

单击图层所对应的线型图标，打开"选择线型"对话框，如图3-11所示。默认情况下，在"已加载的线型"列表框中，系统中只添加了Continuous线型。单击"加载"按钮，打开"加载或重载线型"对话框，如图3-12所示，可以看到AutoCAD还提供了许多其他的线型；用鼠标选择所需线型，单击"确定"按钮，即可把该线型加载到"已加载的线型"列表框中（可以按住Ctrl键选择几种线型同时加载）。

图3-11 "选择线型"对话框

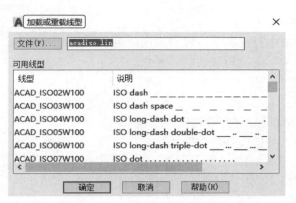

图 3-12　"加载或重载线型"对话框

3．设置图层线宽

线宽设置就是改变线条的宽度，使用不同宽度的线条表现图形对象的类型，这样可以提高图形的表达能力和可读性。例如绘制外螺纹时，大径使用粗实线，小径使用细实线。

单击图层所对应的线宽图标，打开"线宽"对话框，如图 3-13 所示。选择一个线宽，单击"确定"按钮即可完成对图层线宽的设置。

图层线宽的默认值为 0.25mm。当状态栏中的"模型"按钮被激活时，显示的线宽与计算机的像素有关，线宽为零时，显示为一个像素的线宽。单击状态栏中的"线宽"按钮，屏幕上显示图形的线宽，显示的线宽与实际线宽成比例，如图 3-14 所示，但线宽不随图形的放大和缩小而变化。将状态栏中的"线宽"功能关闭时，屏幕上不显示图形的线宽，图形的线宽以默认的宽度值显示，可以在"线宽"对话框中选择需要的线宽。

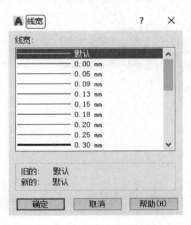

图 3-13　"线宽"对话框

图 3-14　线宽显示效果

3.4.2　设置图层

除上面讲述的通过图层管理器设置图层的方法外，还可以使用其他的简便方法设置图层的颜色、线宽、线型等参数。

1．直接设置图层

可以直接通过命令行或菜单设置图层的颜色、线型、线宽。

1）颜色设置

执行方式如下。

命令行：color。

菜单栏：选择菜单栏中的"格式"→"颜色"命令。

执行上述操作之一后，系统打开"选择颜色"对话框，如图 3-10 所示。

2）线型设置

执行方式如下。

命令行：linetype。

菜单栏：选择菜单栏中的"格式"→"线型"命令。

执行上述操作之一后，系统打开"线型管理器"对话框，如图 3-15 所示。该对话框的使用方法与"选择线型"对话框类似。

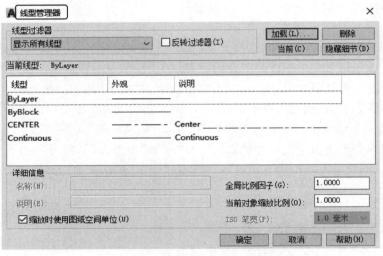

图 3-15　"线型管理器"对话框

3）线宽设置

执行方式如下。

命令行：lineweight 或 lweight。

菜单栏：选择菜单栏中的"格式"→"线宽"命令。

执行上述操作之一后，系统打开"线宽设置"对话框，如图 3-16 所示。该对话框的使用方法与"线宽"对话框类似。

2．利用"特性"面板设置图层

AutoCAD 提供了一个"特性"面板，如图 3-17 所示。可以使用"特性"面板快速地查看和改变所选对象的图层、颜色、线型和线宽等特性。"特性"面板上的图层颜色、线型、线宽和打印样式的控制增强了查看和编辑对象属性的命令。在绘图屏幕上选择任何对象都将在"特性"面板上自动显示其所在的图层、颜色、线型等属性。

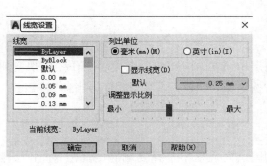

图 3-16 "线宽设置"对话框

图 3-17 "特性"面板

也可以在"特性"工具栏上的"颜色""线型""线宽""打印样式"下拉列表中选择需要的参数值。如果在"颜色"下拉列表中选择"更多颜色"选项,如图 3-18 所示,系统就会打开"选择颜色"对话框;同样,如果在"线型"下拉列表中选择"其他"选项,如图 3-19所示,系统就会打开"线型管理器"对话框。

3. 利用"特性"选项板设置图层

执行方式如下。

命令行:ddmodify 或 properties。

菜单栏:选择菜单栏中的"修改"→"特性"命令。

工具栏:单击"标准"工具栏中的"特性"按钮。

执行上述操作之一后,系统打开"特性"选项板,如图 3-20 所示,在其中可以方便地设置或修改图层、颜色、线型、线宽等属性。

图 3-18 "更多颜色"选项

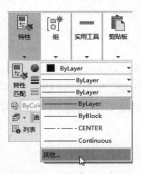

图 3-19 "其他"选项

图 3-20 "特性"选项板

3.4.3 控制图层

1．切换当前图层

不同的图形对象需要在不同的图层中绘制,在绘制前,需要将工作图层切换到所需的图层上来。打开"图层特性管理器"选项板,选择图层,单击"置为当前"按钮🔄,即可使该图层成为当前图层。

2．删除图层

在"图层特性管理器"选项板中的图层列表框中选择要删除的图层,单击"删除"按钮🔄,即可删除该图层。图层包括图层 0、DEFPOINTS 图层、包含对象(包括块定义中的对象)的图层以及当前图层和依赖外部参照的图层。可以删除不包含对象(包括块定义中的对象)的图层、非当前图层和不依赖外部参照的图层。

3．打开/关闭图层

在"图层特性管理器"选项板中,单击 💡 图标,可以控制图层的可见性。打开图层时, 💡 图标呈现鲜艳的颜色,该图层上的图形可以显示在屏幕上或绘制在绘图仪上。当单击该图标后,图标呈灰暗色,该图层上的图形不显示在屏幕上,而且不能被打印输出,但仍然作为图形的一部分保留在文件中。

4．冻结/解冻图层

在"图层特性管理器"选项板中,单击 ☀/❄ 图标,可以冻结图层或将图层解冻。图标呈雪花灰暗色时,该图层是冻结状态;图标呈太阳鲜艳色时,该图层是解冻状态。冻结图层上的对象不能显示,也不能打印,同时也不能编辑修改该图层上的图形对象。在冻结图层后,该图层上的对象不影响其他图层上的对象的显示和打印。例如,在使用 hide 命令消隐的时候,被冻结图层上的对象不隐藏其他的对象。注意:当前图层不能被冻结。

5．锁定/解锁图层

在"图层特性管理器"选项板中,单击 🔓/🔒 图标,可以锁定图层或将图层解锁。锁定图层后,该图层上的图形依然显示在屏幕上并可打印输出,而且还可以在该图层上绘制新的图形对象,但不能对该图层上的图形进行编辑修改操作。可以对当前图层进行锁定,也可再对锁定图层上的图形进行查询和使用对象捕捉命令。锁定图层可以防止对图形的意外修改。

6．打印样式

打印样式控制对象的打印特性,包括颜色、抖动、灰度、笔号、虚拟笔、淡显、线型、线宽、线条端点样式、线条连接样式和填充样式。使用打印样式给用户提供了很大的灵活性,因为用户可以设置打印样式来替代其他对象特性,也可以按用户的需要关闭这些替代设置。

7．打印/不打印

在"图层特性管理器"选项板中,单击 🖨 图标,可以设定打印时该图层是否打印,以在保证图形显示可见不变的条件下,控制图形的打印特征。打印功能只对可见的图层起作用,对于已经被冻结或被关闭的图层不起作用。

8．冻结新视口

控制在当前视口中图层的冻结和解冻。不解冻图形中设置为"关"或"冻结"的图层,对于模型空间视口不可用。

9．透明度

在"图层特性管理器"选项板中,透明度用于选择或输入要应用于当前图形中选定图层的透明度级别。

3.5 显 示 控 制

3.5.1 图形的缩放

所谓视图,就是必须有特定的放大倍数、位置及方向。改变视图最一般的方法就是利用"缩放"和"平移"命令,可以在绘图区放大或缩小图像显示,或者改变观察位置。

缩放并不改变图形的绝对大小,只是在绘图区内改变视图的大小。AutoCAD 提供了多种缩放视图的方法,下面以动态缩放为例介绍缩放的操作方法。

1．执行方式

命令行:ZOOM。

菜单栏:选择菜单栏中的"视图"→"缩放"→"动态"命令。

工具栏:单击"标准"工具栏中的"缩放"→"动态缩放"按钮 ⛶。

2．操作格式

命令:ZOOM ✓
指定窗口的角点,输入比例因子(nX 或 nXP),或者[全部(A)/中心(C)/动态(D)/范围(E)/上一个(P)/比例(S)/窗口(W)/对象(O)]<实时>:D ✓

执行上述命令后,系统打开一个图框。选取动态缩放前的画面呈绿色点线。如果动态缩放的图形显示范围与选取动态缩放前的范围相同,则此框与边线重合而不可见。重生成区域的四周有一个蓝色虚线框,用来标记虚拟屏幕。

如果线框中有一个"×",如图 3-21(a)所示,就可以拖动线框并将其平移到另外一个区域。如果要放大图形到不同的放大倍数,按下鼠标左键,"×"就会变成一个箭头,如图 3-21(b)所示。这时左右拖动边界线就可以重新确定视口的大小。缩放后的图形如图 3-21(c)所示。

另外,还有实时缩放、窗口缩放、比例缩放、中心缩放、全部缩放、缩放对象、缩放上一个和范围缩放,操作方法与动态缩放类似,这里不再赘述。

Note

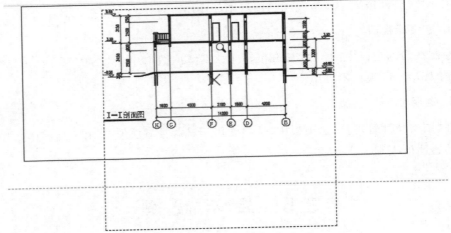

(a) 带"×"的线框

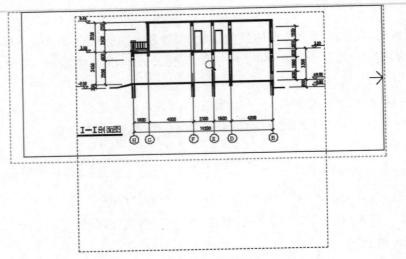

(b) 带箭头的线框

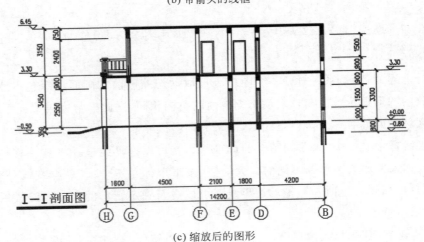

(c) 缩放后的图形

图 3-21　动态缩放

3.5.2 平移

1. 实时平移

执行方式如下。

命令行：pan。

菜单栏：选择菜单栏中的"视图"→"平移"→"实时"命令。

工具栏：单击"标准"工具栏中的"实时平移"按钮 。

执行上述操作之一后，按下鼠标左键，然后移动手形光标即可平移图形。当移动到图形的边沿时，光标呈三角形显示。

另外，AutoCAD 2022 中为显示控制命令设置了一个右键快捷菜单，如图 3-22 所示。在该菜单中，可以在显示命令执行的过程中透明地进行切换。

2. 定点平移和方向平移

1）执行方式

命令行：pan。

菜单栏：选择菜单栏中的 ❶"视图" ❷→"平移"→ ❸"实时"命令（图 3-23）。

图 3-22 右键快捷菜单

图 3-23 "平移"子菜单

2）操作格式

```
命令：pan↙
指定基点或位移:(指定基点位置或输入位移值)
指定第二点:(指定第二点,确定位移和方向)
```

执行上述命令后，当前图形按指定的位移和方向进行平移。另外，在"平移"子菜单中还有"左""右""上""下"四个平移命令，选择这些命令时，图形按指定的方向平移一定的距离。

第4章

绘制简单二维图形

　　二维图形是指在二维平面空间中绘制的图形,主要由一些基本的图形对象(也称图元)组成。AutoCAD 2022 提供了一些基本图形对象绘制命令,包括点、直线、圆弧、圆、椭圆、矩形、正多边形、圆环等。本章将分类介绍这些基本图形对象的绘制方法。

学 习 要 点

◆ 绘制直线类对象
◆ 绘制圆弧类对象
◆ 绘制平面图形
◆ 点

4.1 绘制直线类对象

AutoCAD 2022 提供了五种直线对象，包括直线、射线、构造线、多线和多段线。本节主要介绍它们的画法。

4.1.1 直线段

单击"绘图"工具栏上的"直线"按钮后，只需给定起点和终点，即可画出一条线段。一条线段即是一个图元。在 AutoCAD 中，图元是最小的图形元素，不能再被分解。一个图形是由若干个图元组成的。

1. 执行方式

命令行：LINE。

菜单栏：选择菜单栏中的"绘图"→"直线"命令（图 4-1）。

工具栏：单击"绘图"工具栏中的"直线"按钮 ✎（图 4-2）。

功能区：单击"默认"选项卡"绘图"面板中的"直线"按钮 ✎（图 4-3）。

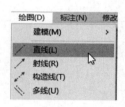

图 4-1 "绘图"菜单

图 4-2 "绘图"工具栏

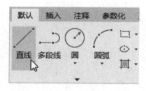

图 4-3 "绘图"面板

2. 操作格式

命令：LINE↙
指定第一个点：(输入直线段的起点，用鼠标指定点或者指定点的坐标)
指定下一点或 [放弃(U)]：(输入直线段的端点)
指定下一点或 [放弃(U)]：(输入直线段的端点)
指定下一点或 [闭合(C)/放弃(U)]：(输入下一条直线段的端点，输入选项 U 表示放弃前面的输入)
指定下一点或 [闭合(C)/放弃(U)]：(输入选项 C 使图形闭合，结束命令)
右击，确认命令，或按 Enter 键结束命令

3.选项说明

"直线段"命令各个选项含义如表 4-1 所示。

表 4-1 "直线段"命令各个选项含义

选　　项	含　　义
指定下一点	（1）在响应"指定下一点："时，直接输入长度值，绘制定长的直线段。 （2）若要画水平线和铅垂线，可按 F8 键进入正交模式。 （3）若要准确画线到某一特定点，可用对象捕捉工具。 （4）利用 F6 键切换坐标形式，便于确定线段的长度和角度。 （5）若要绘制带宽度信息的直线，可从"对象特性"工具栏的"线宽控制"列表框中选择线的宽度。 （6）若设置动态数据输入方式（单击状态栏上的 ┶ 按钮），则可以动态输入坐标值或长度值。下面的命令同样可以设置动态数据输入方式，效果与非动态数据输入方式类似。除特别需要外，以后不再强调，而只按非动态数据输入方式输入相关数据
放弃（U）	若输入 U 或选择快捷菜单中的"放弃"命令，则取消刚刚画出的线段。连续输入 U 并按 Enter 键，即可连续取消相应的线段
闭合（C）	在响应"指定下一点："时，若输入 C 或选择快捷菜单中的"闭合"命令，可以使绘制的折线封闭并结束操作

4.1.2 上机练习——标高符号

 练习目标

图 4-4 所示为标高符号，重点掌握"直线"命令的使用方法。

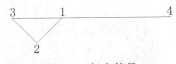

图 4-4 标高符号

 设计思路

首先利用"直线"命令根据命令行提示来绘制图形。

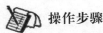 **操作步骤**

单击状态栏中的"动态输入"按钮 ┶，关闭动态输入功能，然后单击"默认"选项卡"绘图"面板中的"直线"按钮 ╱，命令行提示与操作如下：

```
命令：_line
指定第一个点：100,100 ↙（1 点）
指定下一点或 [放弃(U)]：@40，-135 ↙
```

指定下一点或［放弃(U)］:u↙(输入错误,取消上次操作)

指定下一点或［放弃(U)］:@40<-135↙(2点。也可以按下状态栏上"DYN"按钮,在鼠标指针位置为135°时,动态输入40,如图4-5所示,下同)

指定下一点或［放弃(U)］:@40<135↙(3点。相对极坐标数值输入方法,此方法便于控制线段长度)

指定下一点或［闭合(C)/放弃(U)］:@180,0↙(4点。相对直角坐标数值输入方法,此方法便于控制坐标点之间的正交距离)

指定下一点或［闭合(C)/放弃(U)］:↙(按 Enter 键结束直线命令)

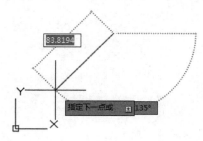

图 4-5　动态输入

注意:(1)输入坐标时,逗号必须是在英文状态下,否则会出现错误。

(2)一般每个命令有 4 种执行方式,这里只给出了命令行执行方式,其他 3 种执行方式的操作方法与命令行执行方式相同。

4.2　绘制圆弧类对象

AutoCAD 2022 提供了五种圆弧对象,包括圆、圆弧、圆环、椭圆和椭圆弧。

4.2.1　圆

AutoCAD 2022 提供了多种画圆方式,可根据不同需要选择不同的方法。

1. 执行方式

命令行:CIRCLE。

菜单栏:选择菜单栏中的"绘图"→"圆"命令。

工具栏:单击"绘图"工具栏中的"圆"按钮 。

功能区:单击"默认"选项卡"绘图"面板中的"圆"下拉菜单(图4-6)。

2. 操作格式

命令:CIRCLE↙

指定圆的圆心或[三点(3P)/两点(2P)/切点、切点、半径(T)]:(指定圆心)

指定圆的半径或[直径(D)]:(直接输入半径数值或用鼠标指定半径长度)

指定圆的直径<默认值>:(输入直径数值或用鼠标指定直径长度)

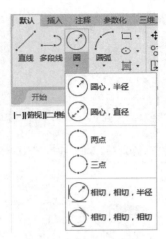

图 4-6　"圆"下拉菜单

3．选项说明

"圆"命令各个选项含义如表 4-2 所示。

表 4-2　"圆"命令各个选项含义

选　　项	含　　义
三点(3P)	用指定圆周上三点的方法画圆。依次输入三个点，即可绘制出一个圆，如图 4-7(a)所示
两点(2P)	根据直径的两端点画圆。依次输入两个点，即可绘制出一个圆，两点间的距离为圆的直径，如图 4-7(b)所示
切点、切点、半径(T)	先指定两个相切对象，然后给出半径画圆。图 4-7(c)所示为指定不同相切对象绘制的圆

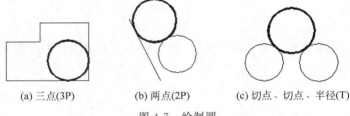

(a) 三点(3P)　　　　(b) 两点(2P)　　　　(c) 切点、切点、半径(T)

图 4-7　绘制圆

📞 **注意**：相切对象可以是直线、圆、圆弧、椭圆等图线，这种绘制圆的方式常用于圆弧连接中。

1）圆与圆相切的三种情况分析

绘制一个圆与另外两个圆相切，切圆取决于选择切点的位置和切圆半径的大小。图 4-8 所示是一个圆与另外两个圆相切的三种情况，图(a)为外切时切点的选择情况；图(b)为与一个圆内切而与另一个圆外切时切点的选择情况；图(c)为内切时切点的选择情况。假定三种情况下的条件相同，后两种情况对切圆半径的大小有限制，半径太小时不能出现内切情况。

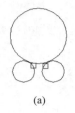 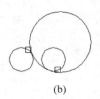

(a)   (b)   (c)

图 4-8   相切类型

2）绘制圆

单击"默认"选项卡"绘图"面板中的"圆"下拉菜单，显示出绘制圆的多种方法。

4.2.2 上机练习——哈哈猪造型

 练习目标

绘制如图 4-9 所示的哈哈猪造型，重点掌握"圆"命令的使用方法。

 设计思路

利用"圆"命令绘制图形，首先绘制眼睛，然后绘制嘴巴，继续绘制头部，最后绘制上、下颌分界线和鼻子。

4-2

图 4-9   哈哈猪

操作步骤

（1）绘制哈哈猪的两个眼睛。单击"默认"选项卡"绘图"面板中的"圆"按钮 ⊙，绘制圆。命令行中的提示与操作如下。

> 命令：CIRCLE ↙（输入绘制圆命令）
> 指定圆的圆心或[三点(3P)/两点(2P)/切点、切点、半径(T)]：200,200 ↙（输入左边小圆的圆心坐标）
> 指定圆的半径或[直径(D)] <75.3197>：25 ↙（输入圆的半径）
> 命令：C ↙（输入绘制圆命令的缩写名）
> 指定圆的圆心或[三点(3P)/两点(2P)/切点、切点、半径(T)]：2P ↙（两点方式绘制右边小圆）
> 指定圆直径的第一个端点：280,200 ↙（输入圆直径的左端点坐标）
> 指定圆直径的第二个端点：330,200 ↙（输入圆直径的右端点坐标）

结果如图 4-10 所示。

图 4-10   哈哈猪的眼睛

（2）绘制哈哈猪的嘴巴。单击"默认"选项卡"绘图"面板中的"圆"按钮 ⊙，以"切点、切点、半径"方式，捕捉两只眼睛的切点，绘制半径为 50 的圆。命令行中的提示与操作如下。

Note

命令：CIRCLE ✔（直接按 Enter 键表示执行上次的命令）
指定圆的圆心或[三点(3P)/两点(2P)/切点、切点、半径(T)]：T✔（以"切点、切点、半径"方式绘制）
指定对象与圆的第一个切点：（指定左边圆的右下方）
指定对象与圆的第二个切点：（指定右边圆的左下方）
指定圆的半径：50 ✔

结果如图 4-11 所示。

🔓 **提示**：在这里满足与绘制的两个圆相切且半径为 50 的圆有 4 个，分别与两个圆在上、下方内外切。所以要指定切点的大致位置，系统会自动在大致指定的位置附近捕捉切点。这样所确定的圆才是想要的圆。

（3）绘制哈哈猪的头部。单击"默认"选项卡"绘图"面板中的"圆"按钮 ⊙，分别捕捉 3 个圆的切点绘制圆。命令行中的提示与操作如下。

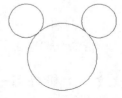

图 4-11 哈哈猪的嘴巴

命令：circle ✔
指定圆的圆心或[三点(3P)/两点(2P)/切点、切点、半径(T)]：_3p
指定圆上的第一个点：_tan 到：（指定 3 个圆中第一个圆的适当位置）
指定圆上的第二个点：_tan 到：（指定 3 个圆中第二个圆的适当位置）
指定圆上的第三个点：_tan 到：（指定 3 个圆中第三个圆的适当位置）

结果如图 4-12 所示。

🔓 **提示**：在这里指定 3 个圆的顺序可以任意选择，但大体位置要指定正确，因为满足和 3 个圆相切的圆有 2 个，切点的大体位置不同，绘制出的圆也不同。

（4）绘制哈哈猪的上、下颌分界线。单击"默认"选项卡"绘图"面板中的"直线"按钮 ╱，以嘴巴的两个象限点为端点绘制直线。结果如图 4-13 所示。

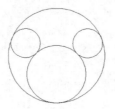

图 4-12 哈哈猪的头部

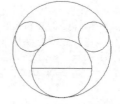

图 4-13 哈哈猪的上下颌分界线

（5）绘制哈哈猪的鼻子。单击"默认"选项卡"绘图"面板中的"圆"按钮 ⊙，分别以（225，165）和（280，165）为圆心，绘制直径为 20 的圆。命令行中的提示与操作如下。

命令：CIRCLE ✔（输入绘制圆命令）
指定圆的圆心或[三点(3P)/两点(2P)/切点、切点、半径(T)]：225,165 ✔（输入左边鼻孔圆的圆心坐标）
指定圆的半径或[直径(D)]：D✔
指定圆的直径：20 ✔

同样方法绘制右边的小鼻孔。最终结果如图 4-9 所示。

4.2.3 圆弧

AutoCAD 2022 提供了多种画圆弧的方法，可根据不同的情况选择不同的方式。

1．执行方式

命令行：ARC(缩写：A)。

菜单栏：选择菜单栏中的"绘图"→"圆弧"命令。

工具栏：单击"绘图"工具栏中的"圆弧"按钮 。

功能区：单击①"默认"选项卡②"绘图"面板中的③"圆弧"下拉菜单(图 4-14)。

2．操作格式

命令：ARC↙
指定圆弧的起点或[圆心(C)]:(指定起点)
指定圆弧的第二个点或[圆心(C)/端点(E)]:(指定第二点)
指定圆弧的端点:(指定端点)

图 4-14 "圆弧"下拉菜单

3．选项说明

"圆弧"命令各个选项含义如表 4-3 所示。

表 4-3 "圆弧"命令各个选项含义

选 项	含 义
圆弧	用命令行方式画圆弧时，可以根据系统提示选择不同的选项，具体功能与使用"绘制"菜单中的"圆弧"子菜单提供的 11 种方式相似，如图 4-15 所示
圆弧段	需要强调的是"连续"方式，绘制的圆弧与上一线段或圆弧相切，连续绘制圆弧段，因此提供端点即可

| (a) 三点 | (b) 起点、圆心、端点 | (c) 起点、圆心、角度 | (d) 起点、圆心、长度 | (e) 起点、端点、角度 | (f) 起点、端点、方向 |

(g) 起点、端点、半径　(h) 圆心、起点、端点　(i) 圆心、起点、角度　(j) 圆心、起点、长度　(k) 连续

图 4-15 11 种绘制圆弧的方法

4.2.4 上机练习——小靠背椅

练习目标

绘制如图 4-16 所示的小靠背椅，重点掌握"圆弧"命令的使用方法。

4-3

设计思路

首先利用"直线"命令绘制轮廓,然后利用"圆弧"命令绘制剩余的图形。

图 4-16　小靠背椅

操作步骤

(1) 单击"默认"选项卡"绘图"面板中的"直线"按钮　，任意指定一点为线段起点,以点(@0,-140)为终点绘制一条线段。

(2) 单击"默认"选项卡"绘图"面板中的"圆弧"按钮　，绘制圆弧。命令行提示如下。

```
命令: ARC↙
指定圆弧的起点或[圆心(C)]:(捕捉刚绘制线段的下端点)
指定圆弧的第二个点或[圆心(C)/端点(E)]:(@250,-250)
指定圆弧的端点:(@250,250)
```

结果如图 4-17 所示。

(3) 再次利用"直线"命令　，以刚绘制的圆弧右端点为起点,以点(@0,140)为终点绘制一条线段。结果如图 4-18 所示。

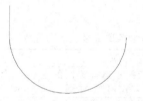

图 4-17　绘制圆弧

图 4-18　绘制线段 1

(4) 继续利用"直线"命令　，分别以刚绘制的两条线段的上端点为起点,以点(@50,0)和(@-50,0)为终点绘制两条线段。结果如图 4-19 所示。

(5) 以刚绘制的两条水平线的两个端点为起点和终点绘制线段和圆弧。结果如图 4-20 所示。

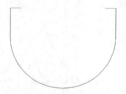

图 4-19　绘制线段 2

图 4-20　绘制线段和圆弧

(6) 再以图 4-20 中内部两条竖线段的上、下两个端点分别为起点和终点,以适当位置一点为中间点,绘制两条圆弧。最终结果如图 4-16 所示。

4.2.5　圆环

可以通过指定圆环的内、外直径绘制圆环,也可以绘制填充圆。图 4-21 所示的车轮即用圆环绘制的。

1．执行方式

命令行：DONUT。

菜单栏：选择菜单栏中的"绘图"→"圆环"命令。

功能区：单击"默认"选项卡"绘图"面板中的"圆
环"按钮 ◎ 。

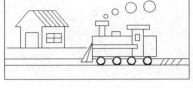

图 4-21　车轮

2．操作格式

> 命令：DONUT ↙
> 指定圆环的内径<默认值>：(指定圆环内径)
> 指定圆环的外径<默认值>：(指定圆环外径)
> 指定圆环的中心点或<退出>：(指定圆环的中心点)
> 指定圆环的中心点或<退出>：(继续指定圆环的中心点,则继续绘制相同内外径的圆环。按
> Enter 键、空格键或右击结束命令,如图 4-22(a)所示)

3．选项说明

"圆环"命令各个选项含义如表 4-4 所示。

表 4-4　"圆环"命令各个选项含义

选　项	含　义
实心填充圆	若指定内径为零,则画出实心填充圆(图 4-22(b))
圆环	用命令 FILL 可以控制圆环是否填充。命令行提示如下。 命令：FILL ↙ 输入模式[开(ON)/关(OFF)] <开>：(选择 ON 表示填充,选择 OFF 表示不填充,如图 4-22(c)所示)

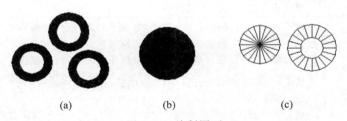

(a)　　　　　　　　(b)　　　　　　　　(c)

图 4-22　绘制圆环

4.2.6　椭圆与椭圆弧

1．执行方式

命令行：ELLIPSE。

菜单栏：选择菜单栏中的"绘图"→"椭圆"→"圆弧"命令。

工具栏：单击"绘图"工具栏中的"椭圆"按钮 ⬭ 或单击"绘图"工具栏中的"椭圆
弧"按钮 ⬭ 。

功能区：❶ 单击"默认"选项卡 ❷ "绘图"面板中的 ❸ "椭圆"下拉菜单(图 4-23)。

2．操作格式

命令:ELLIPSE ↙
指定椭圆的轴端点或[圆弧(A)/中心点(C)]:(指定轴端点1,如图4-24所示)
指定轴的另一个端点:(指定轴端点2,如图4-24所示)
指定另一条半轴长度或[旋转(R)]:

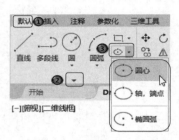

图4-23 "椭圆"下拉菜单

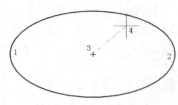

图4-24 椭圆

3．选项说明

"椭圆与椭圆弧"命令各个选项含义如表4-5所示。

表4-5 "椭圆与椭圆弧"命令各个选项含义

选 项		含 义
指定椭圆的轴端点		根据两个端点定义椭圆的第一条轴。第一条轴的角度确定了整个椭圆的角度。第一条轴既可以定义椭圆的长轴,也可以定义椭圆的短轴
旋转(R)		通过绕第一条轴旋转圆来创建椭圆。相当于将一个圆绕椭圆轴翻转一个角度后的投影视图,如图4-25所示
中心点(C)		通过指定的中心点创建椭圆
圆弧(A)		用于创建一段椭圆弧。与单击"绘图"工具栏中的"椭圆弧"按钮 功能相同。其中,第一条轴的角度确定了椭圆弧的角度。第一条轴既可以定义椭圆弧长轴,也可以定义椭圆弧短轴。选择该项,系统继续提示,具体如下。 指定椭圆弧的轴端点或[中心点(C)]:(指定端点或输入C) 指定轴的另一个端点:(指定另一端点) 指定另一条半轴长度或[旋转(R)]:(指定另一条半轴长度或输入R) 指定起点角度或[参数(P)]:(指定起始角度或输入P) 指定端点角度或[参数(P)/夹角(I)]:
	角度	指定椭圆弧端点的两种方式之一,光标和椭圆中心点连线与水平线的夹角为椭圆端点位置的角度,如图4-26所示
	参数(P)	指定椭圆弧端点的另一种方式,该方式同样是指定椭圆弧端点的角度,但通过以下矢量参数方程式创建椭圆弧。 $$p(u) = c + a\cos u + b\sin u$$ 式中,c 是椭圆的中心点,a 和 b 分别是椭圆的长轴和短轴,u 为光标与椭圆中心点连线的夹角
	夹角(I)	定义从起始角度开始的包含角度

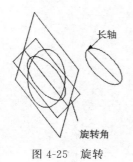

图 4-25 旋转　　　　　　　　　　图 4-26 椭圆弧

4.2.7 上机练习——洗脸盆

练习目标

绘制如图 4-27 所示的洗脸盆,重点掌握"椭圆"与"椭圆弧"命令的使用方法。

设计思路

利用"直线"命令、"圆"命令、"椭圆"命令、"椭圆弧"命令和
"圆弧"命令绘制图形,然后保存文件。

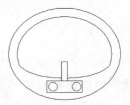

操作步骤

(1) 单击"默认"选项卡"绘图"面板中的"直线"按钮 ╱,绘　　图 4-27 洗脸盆图形
制水龙头图形。绘制结果如图 4-28 所示。

(2) 单击"默认"选项卡"绘图"面板中的"圆"按钮 ⊙,绘制两个水龙头旋钮。绘制
结果如图 4-29 所示。

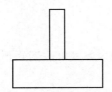　　　　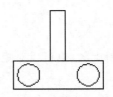

图 4-28 绘制水龙头　　　　　　　　图 4-29 绘制旋钮

(3) 单击"默认"选项卡"绘图"面板中的"椭圆"按钮 ◯,绘制脸盆外沿。命令行中
的提示与操作如下。

```
命令:_ellipse
指定椭圆的轴端点或[圆弧(A)/中心点(C)]:(用鼠标指定椭圆轴端点)
指定轴的另一个端点:(用鼠标指定另一端点)
指定另一条半轴长度或[旋转(R)]:(用鼠标在屏幕上拉出另一条半轴长度)
```

结果如图 4-30 所示。

(4) 单击"默认"选项卡"绘图"面板中的"椭圆弧"按钮 ⌒,绘制脸盆部分内沿。命
令行中的提示与操作如下。

4-4

Note

```
命令：_ellipse
指定椭圆的轴端点或[圆弧(A)/中心点(C)]：a
指定椭圆弧的轴端点或[中心点(C)]：C↙
指定椭圆弧的中心点：(捕捉上步绘制的椭圆中心点)
指定轴的端点：(适当指定一点)
指定另一条半轴长度或[旋转(R)]：R↙
指定绕长轴旋转的角度：(用鼠标指定椭圆轴端点)
指定起点角度或[参数(P)]：(用鼠标拉出起始角度)
指定端点角度或[参数(P)/夹角(I)]：(用鼠标拉出终止角度)
```

结果如图 4-31 所示。

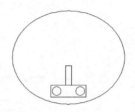

图 4-30　绘制脸盆外沿

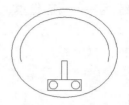

图 4-31　绘制脸盆部分内沿

（5）单击"默认"选项卡"绘图"面板中的"圆弧"按钮 ⌒，绘制脸盆内沿其他部分。最终结果如图 4-27 所示。

4.3　绘制平面图形

AutoCAD 2022 提供了绘制矩形和正多边形这两种平面图形的方法。

4.3.1　矩形

可以直接绘制矩形，也可以对矩形倒角或倒圆角，还可以改变矩形的线宽。

1．执行方式

命令行：RECTANG（缩写：REC）。

菜单栏：选择菜单栏中的"绘图"→"矩形"命令。

工具栏：单击"绘图"工具栏中的"矩形"按钮 □。

功能区：单击"默认"选项卡"绘图"面板中的"矩形"按钮 □。

2．操作格式

```
命令：RECTANG↙
指定第一个角点或[倒角(C)/标高(E)/圆角(F)/厚度(T)/宽度(W)]：(指定一点)
指定另一个角点或[面积(A)/尺寸(D)/旋转(R)]：
```

3．选项说明

"矩形"命令各个选项含义如表 4-6 所示。

表 4-6 "矩形"命令各个选项含义

选 项	含 义
第一个角点	通过指定两个角点确定矩形,如图 4-32(a)所示
倒角(C)	指定倒角距离,绘制带倒角的矩形,如图 4-32(b)所示,每一个角点的逆时针和顺时针方向的倒角可以相同,也可以不同。其中,第一个倒角距离是指角点逆时针方向倒角距离,第二个倒角距离是指角点顺时针方向倒角距离
标高(E)	指定矩形标高(Z 坐标),即把矩形画在标高为 Z,与 XOY 坐标面平行的平面上,并作为后续矩形的标高值
圆角(F)	指定圆角半径,绘制带圆角的矩形,如图 4-32(c)所示
厚度(T)	指定矩形的厚度,如图 4-32(d)所示
宽度(W)	指定线宽,如图 4-32(e)所示
面积(A)	指定面积和长或宽创建矩形。选择该项,系统提示如下。 输入以当前单位计算的矩形面积< 20.0000 >:(输入面积值) 计算矩形标注时依据[长度(L)/宽度(W)] <长度>:(按 Enter 键或输入 W) 输入矩形长度< 4.0000 >:(指定长度或宽度) 指定长度或宽度后,系统自动计算出另一个维度后绘制出矩形。如果矩形被倒角或圆角,则在长度或宽度计算中会考虑此设置,如图 4-33 所示
尺寸(D)	使用长和宽创建矩形。第二个指定点将矩形定位在与第一个角点相关的 4 个位置之一内
旋转(R)	旋转所绘制的矩形的角度。选择该项,系统提示如下。 指定旋转角度或[拾取点(P)] < 45 >:(指定角度) 指定另一个角点或[面积(A)/尺寸(D)/旋转(R)]:(指定另一个角点或选择其他选项) 指定旋转角度后,系统按指定旋转角度创建矩形,如图 4-34 所示

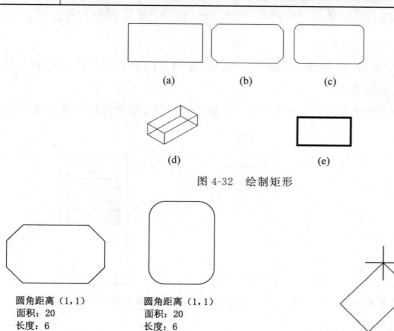

(a)　　　　　(b)　　　　　(c)

(d)　　　　　(e)

图 4-32　绘制矩形

圆角距离(1,1)
面积:20
长度:6

圆角距离(1,1)
面积:20
长度:6

图 4-33　按面积绘制矩形

图 4-34　按指定旋转角度创建矩形

4.3.2 上机练习——办公桌

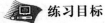 练习目标

绘制如图 4-35 所示的办公桌，重点掌握"矩形"命令的使用方法。

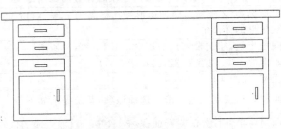

图 4-35 办公桌

 设计思路

首先设置绘图环境，然后利用"矩形"命令绘制图形，最后保存图形。

 操作步骤

（1）单击"默认"选项卡"绘图"面板中的"矩形"按钮 □，在合适的位置绘制矩形。命令行操作如下。

> 指定第一个角点或[倒角(C)/标高(E)/圆角(F)/厚度(T)/宽度(W)]:（在适当位置指定一点）
> 指定另一个角点或[面积(A)/尺寸(D)/旋转(R)]:（在适当位置指定另一点）

结果如图 4-36 所示。

（2）单击"默认"选项卡"绘图"面板中的"矩形"按钮 □，在合适的位置绘制一系列的矩形。结果如图 4-37 所示。

（3）单击"默认"选项卡"绘图"面板中的"矩形"按钮 □，在合适的位置绘制一系列的矩形。结果如图 4-38 所示。

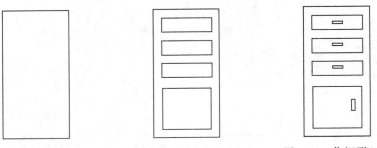

图 4-36 作矩形（一）　　图 4-37 作矩形（二）　　图 4-38 作矩形（三）

（4）单击"默认"选项卡"绘图"面板中的"矩形"按钮 □，在合适的位置绘制一个矩形。结果如图 4-39 所示。

图 4-39　作矩形(四)

(5)同样,利用"矩形"命令绘制右边的抽屉,完成办公桌的绘制。结果如图 4-35 所示。

4.3.3　多边形

可以用 AutoCAD 2022 绘制边数为 3～1024 的正多边形,非常方便。

1. 执行方式

命令行:POLYGON。

菜单栏:选择菜单栏中的"绘图"→"多边形"命令。

工具栏:单击"绘图"工具栏中的"多边形"按钮 ⬡ 。

功能区:单击"默认"选项卡"绘图"面板中的"多边形"按钮 ⬡ 。

2. 操作格式

命令:POLYGON ↙

输入侧边数<4>:(指定正多边形的边数,默认值为 4)

指定正多边形的中心点或[边(E)]:(指定中心点)

输入选项[内接于圆(I)/外切于圆(C)]<I>:(指定是内接于圆或外切于圆:I 表示内接于圆,如图 4-40(a)所示;C 表示外切于圆,如图 4-40(b)所示)

指定圆的半径:(指定外切圆或内接圆的半径)

3. 选项说明

"多边形"命令各个选项含义如表 4-7 所示。

表 4-7　"多边形"命令各个选项含义

选　　项	含　　义
多边形	如果选择"边"选项,则只要指定多边形的一条边,系统就会按逆时针方向创建该正多边形,如图 4-40(c)所示

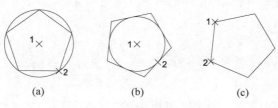

图 4-40　画正多边形

4.3.4 上机练习——石雕摆饰

4-6

练习目标

绘制如图 4-41 所示的石雕摆饰,重点掌握"多边形"命令的使用方法。

设计思路

利用"矩形"命令、"圆"命令、"椭圆"命令和"多边形"命令绘制图形,然后保存文件。

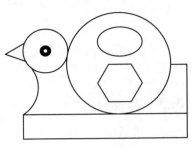

图 4-41　石雕摆饰

操作步骤

(1)单击"默认"选项卡"绘图"面板中的"圆"按钮 ⊙,在左边绘制圆心坐标为(230,210)、圆半径为 30 的小圆。单击"默认"选项卡"绘图"面板中的"圆环"按钮 ◎,绘制内径为 5、外径为 15、中心点坐标为(230,210)的圆环。

(2)单击"默认"选项卡"绘图"面板中的"矩形"按钮 ▭,绘制矩形。命令行中的提示与操作如下。

```
命令：RECTANG↙
指定第一个角点或[倒角(C)/标高(E)/圆角(F)/厚度(T)/宽度(W)]：200,122↙(矩形左上角点的坐标值)
指定另一个角点或[面积(A)/尺寸(D)/旋转(R)]：420,88↙(矩形右下角点的坐标值)
```

(3)单击"默认"选项卡"绘图"面板中的"圆"按钮 ⊙,绘制与图 4-42 中点 1、点 2 相切,半径为 70 的大圆。

(4)单击"默认"选项卡"绘图"面板中的"椭圆"按钮 ⬯,绘制中心点坐标为(330,222)、长轴的右端点坐标为(360,222)、短轴的长度为 20 的小椭圆。单击"默认"选项卡"绘图"面板中的"多边形"按钮 ⬠,绘制中心点坐标为(330,165)、内接圆半径为 30 的正六边形。命令行中的提示与操作如下。

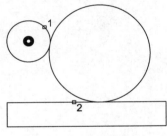

图 4-42　步骤图

```
命令：ELLIPSE↙
指定椭圆的轴端点或[圆弧(A)/中心点(C)]：C↙
指定椭圆的中心点：330,222↙
指定轴的端点：360,222↙
指定到其他轴的距离或[旋转(R)]：20↙
命令：POLYGON↙
输入侧面数<4>：6↙
指定多边形的中心点或[边(E)]：330,165↙
输入选项[内接于圆(I)/外切于圆(C)]<I>：↙
指定圆的半径：30↙
```

(5)单击"默认"选项卡"绘图"面板中的"直线"按钮 ╱,绘制端点坐标分别为(202,221),(@30＜-150),(@30＜-20)的折线。选择菜单栏中的"绘图"→"圆弧"命令,绘制起点坐标为(200,122)、端点坐标为(210,188)、半径为 45 的圆弧。

(6)单击"默认"选项卡"绘图"面板中的"直线"按钮 ╱,绘制端点坐标为(420,122),(@68＜90),(@23＜180)的折线。结果如图 4-41 所示。

4.4 点

在 AutoCAD 中,点有多种表示方式,用户可以根据需要进行设置,也可以设置等分点和测量点。

4.4.1 点概述

1．执行方式

命令行:POINT。

菜单栏:选择菜单栏中的"绘图"→"点"→"单点"/"多点"命令。

工具栏:单击"绘图"工具栏中的"多点"按钮 ∷。

功能区:单击"默认"选项卡"绘图"面板中的"多点"按钮 ∷。

2．操作格式

命令:POINT ↙
当前点模式: PDMODE＝0 PDSIZE＝0.0000
指定点:(指定点所在的位置)

3．选项说明

"点"命令各个选项含义如表 4-8 所示。

表 4-8 "点"命令各个选项含义

选　项	含　义
多点	通过菜单方法操作时如图 4-43 所示,"单点"命令表示只输入一个点,"多点"命令表示可输入多个点
对象捕捉	可以打开状态栏中的"对象捕捉"开关设置点捕捉模式,帮助拾取点
点样式	点在图形中的表示样式共有 20 种。可通过单击"默认"选项卡"绘图"面板中的"多点"按钮 ∷,在打开的"点样式"对话框(图 4-44)中进行设置

4.4.2 等分点

1．执行方式

命令行:DIVIDE(DIV)。

菜单栏:选择菜单栏中的"绘图"→"点"→"定数等分"命令。

功能区:单击"默认"选项卡"绘图"面板中的"定数等分"按钮 ⬠。

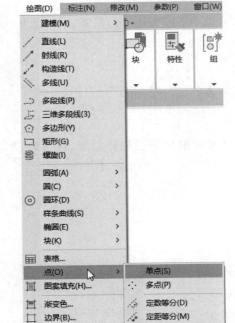

图 4-43 "点"子菜单

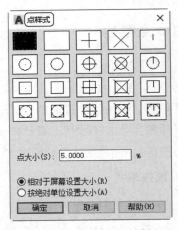

图 4-44 "点样式"对话框

2．操作格式

命令：DIVIDE↙
选择要定数等分的对象：（选择要等分的实体）
输入线段数目或[块(B)]：（指定实体的等分数，绘制结果如图 4-45(a)所示）

3．选项说明

（1）等分数范围为 2～32767。

（2）在等分点处按当前点样式设置画出等分点。

（3）在第二个提示行中选择"块（B）"选项时，表示在等分点处插入指定的块（BLOCK）。

4.4.3　测量点

1．执行方式

命令行：MEASURE（缩写：ME）。

菜单栏：选择菜单栏中的"绘图"→"点"→"定距等分"命令。

2. 操作格式

命令:MEASURE⤶
选择要定距等分的对象:(选择要设置测量点的实体)
指定线段长度或[块(B)]:(指定分段长度,绘制结果如图4-45(b)所示)

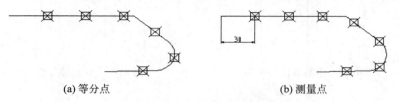

(a)等分点　　　　　　　(b)测量点

图 4-45　绘制等分点和测量点

3. 选项说明

（1）设置的起点一般是指指定线的绘制起点。

（2）在第二个提示行中选择"块(B)"选项时,表示在测量点处插入指定的块,后续操作与4.4.2节等分点类似。

（3）在等分点处,按当前点样式设置绘制出等分点。

（4）最后一个测量段的长度不一定等于指定分段长度。

4.4.4　上机练习——楼梯

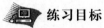 练习目标

绘制如图4-46所示的楼梯,重点掌握"点"命令的使用方法。

 设计思路

首先利用"直线"命令绘制墙体与扶手,然后利用定数等分绘制楼梯。

 操作步骤

图 4-46　绘制楼梯

（1）单击"默认"选项卡"绘图"面板中的"直线"按钮 ✏,绘制墙体与扶手,如图4-47所示。

（2）设置点样式。选择菜单栏中的"格式"→"点样式"命令,在打开的"点样式"对话框中选择"╳"样式。

（3）单击"默认"选项卡"绘图"面板中的"定数等分"按钮 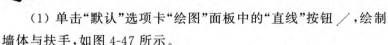 ,以左边扶手外面线段为对象,数目为8进行等分,如图4-48所示。

（4）单击"默认"选项卡"绘图"面板中的"直线"按钮 ✏,分别以等分点为起点、以左边墙体上的点为终点绘制水平线段,如图4-49所示。

（5）单击"默认"选项卡"修改"面板中的"删除"按钮 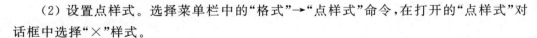 ,删除绘制的点,如图4-50所示。

（6）采用相同方法绘制另一侧楼梯,结果如图4-46所示。

4-7

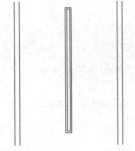
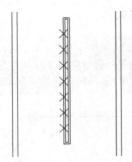

图 4-47　绘制墙体与扶手　　　　　　图 4-48　绘制等分点

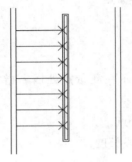
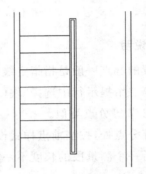

图 4-49　绘制水平线　　　　　　　图 4-50　删除点

第5章

二维图形的编辑

　　图形编辑是对已有的图形进行修改、移动、复制和删除等操作。AutoCAD 2022 为用户提供了 30 多种图形编辑命令，在实际绘图中绘图命令与编辑命令交替使用，可大量节省绘图时间。本章将详细介绍图形编辑的各种方法。

学 习 要 点

- ◆ 构造选择集及快速选择对象
- ◆ 特性与特性的匹配
- ◆ 调整对象位置
- ◆ 使用夹点功能进行编辑

5.1　选择对象

当执行某个编辑命令时,命令行提示如下:

选择对象:

此时系统要求从屏幕上选择要进行编辑的对象,即构造选择集,并且光标的形状由十字光标变成了一个小方框(即拾取框)。编辑对象时,需要构造对象的选择集。选择集可以是单个的对象,也可以由多个对象组成。可以在执行编辑命令之前或之后构造选择集。

可以使用下列任意一种方法构造选择集。

(1)先选择一个编辑命令,然后选择对象并按 Enter 键,结束操作。

(2)输入 SELECT 命令,然后选择对象并按 Enter 键,结束操作。

(3)用定点设备选择对象,然后调用编辑命令。

下面结合 SELECT 命令说明选择对象的方法。

SELECT 命令可以单独使用,也可以在执行其他编辑命令时被自动调用。此时屏幕提示如下。

选择对象:

等待用户以某种方式选择对象作为回答。AutoCAD 2022 提供多种选择方式,可以输入"?"查看这些选择方式。选择该选项后,出现如下提示。

需要点或窗口(W)/上一个(L)/窗交(C)/框(BOX)/全部(ALL)/栏选(F)/圈围(WP)/圈交(CP)/编组(G)/添加(A)/删除(R)/多个(M)/前一个(P)/放弃(U)/自动(AU)/单个(SI)/子对象(SU)/对象(O):
选择对象:

上面各选项含义如下。

(1)点:系统默认的一种对象选择方式,用拾取框直接去选择对象,选中的目标以高亮显示。选中一个对象后,命令行提示仍然是"选择对象:",可以接着选择。选完后按 Enter 键,以结束对象的选择。选择模式和拾取框的大小可以通过"选项"对话框进行设置,操作如下。

选择菜单栏中的"工具"→"选项"命令,打开"选项"对话框,然后打开"选择集"选项卡,如图 5-1 所示。利用该选项卡可以设置选择模式和拾取框的大小。

(2)窗口(W):用由两个对角顶点确定的矩形窗口选取位于其范围内部的所有图形,与边界相交的对象不会被选中。指定对角顶点时应该按照从左向右的顺序,如图 5-2 所示。

(3)上一个(L):在"选择对象:"提示下输入 L 后按 Enter 键,系统会自动选取最后绘出的一个对象。

(4)窗交(C):该方式与上述"窗口"方式类似。区别在于:它不但选择矩形窗口内

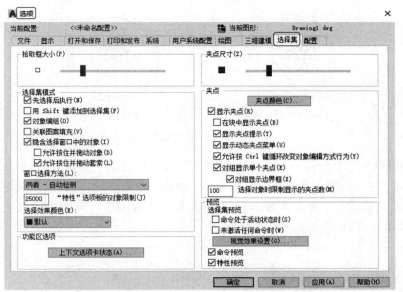

图 5-1　"选择集"选项卡

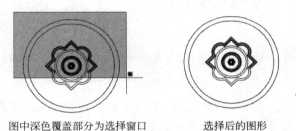

图中深色覆盖部分为选择窗口　　　　选择后的图形

图 5-2　"窗口"对象选择方式

部的对象，也选中与矩形窗口边界相交的对象。选择的对象如图 5-3 所示。

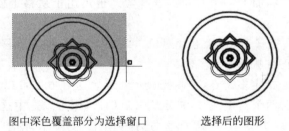

图中深色覆盖部分为选择窗口　　　　选择后的图形

图 5-3　"窗交"对象选择方式

（5）框（BOX）：使用时，系统根据用户在屏幕上给出的两个对角点的位置而自动引用"窗口"或"窗交"选择方式。若从左向右指定对角点，为"窗口"方式；反之，为"窗交"方式。

（6）全部（ALL）：选取图面上所有对象。

（7）栏选（F）：临时绘制一些直线，这些直线不必构成封闭图形，凡是与这些直线相交的对象均被选中。执行结果如图 5-4 所示。

Note

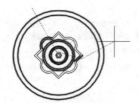 

图中虚线为选择栏　　　　　　　　选择后的图形

图 5-4　"栏选"对象选择方式

（8）圈围（WP）：使用一个不规则的多边形来选择对象。根据提示，顺次输入构成多边形所有顶点的坐标，直到最后用按 Enter 键做出空回答结束操作，系统将自动连接第一个顶点与最后一个顶点形成封闭的多边形。凡是被多边形围住的对象均被选中（不包括边界）。执行结果如图 5-5 所示。

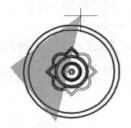 

图中十字线所拉出的深色多边形为选择窗口　　　　选择后的图形

图 5-5　"圈围"对象选择方式

（9）圈交（CP）：类似于"圈围"方式，在提示后输入 CP，后续操作与 WP 方式相同。区别在于：与多边形边界相交的对象也被选中。

（10）编组（G）：使用预先定义的对象组作为选择集。事先将若干个对象组成组，用组名引用。

（11）添加（A）：添加下一个对象到选择集。也可用于从移走模式（Remove）到选择模式的切换。

（12）删除（R）：按住 Shift 键选择对象，可以从当前选择集中移走该对象。对象由高亮显示状态变为正常状态。

（13）多个（M）：指定多个点，不高亮显示对象。这种方法可以加快在复杂图形上的对象选择过程。若两个对象交叉，指定交叉点两次，则可以选中这两个对象。

（14）前一个（P）：用关键字"P"回答"选择对象："的提示，则把上次编辑命令最后一次构造的选择集或最后一次使用 Select（DDSELECT）命令预置的选择集作为当前选择集。这种方法适用于对同一选择集进行多种编辑操作。

（15）放弃（U）：用于取消加入选择集的对象。

（16）自动（AU）：选择结果视用户在屏幕上的选择操作而定。如果选中单个对象，则该对象即为自动选择的结果；如果选择点落在对象内部或外部的空白处，系统会提示如下。

指定对角点：

此时,系统会采取一种窗口的选择方式。对象被选中后,变为虚线形式,并高亮显示。

🔒提示:若矩形框从左向右定义,即第一个选择的对角点为左侧的对角点,矩形框内部的对象被选中,框外部及与矩形框边界相交的对象不会被选中。若矩形框从右向左定义,矩形框内部及与矩形框边界相交的对象都会被选中。

(17) 单个(SI):选择指定的第一个对象或对象集,而不继续提示进行进一步的选择。

(18) 子对象(SU):使用户可以逐个选择原始形状,这些形状是复合实体的一部分或三维实体上的顶点、边和面。可以选择这些子对象的其中之一,也可以创建多个子对象的选择集。选择集可以包含多种类型的子对象。

(19) 对象(O):结束选择子对象的功能。使用户可以使用对象选择方法。

5.2 删除与恢复

5.2.1 删除命令

1. 执行方式

命令行:ERASE。

菜单栏:选择菜单栏中的"修改"→"删除"命令(图 5-6)。

工具栏:单击"修改"工具栏中的"删除"按钮 （图 5-7)。

图 5-7 "修改"工具栏

功能区:单击"默认"选项卡"修改"面板中的"删除"按钮 。

快捷菜单:删除。

2. 操作格式

可以先选择对象,再调用"删除"命令;也可以先调用"删除"命令,再选择对象。选择对象时,可以使用前面介绍的各种选择对象的方法。

当选择多个对象时,多个对象都被删除;若选择的对象属于某个对象组,则该对象组的所有对象都被删除。

5.2.2 恢复命令

若不小心误删除了图形,可以使用恢复命令 OOPS 恢复误删除的对象。

1. 执行方式

命令行:OOPS 或 U。

图 5-6 "修改"菜单

工具栏：单击"标准"工具栏中的"放弃"按钮 ⟵ ▾。

组合键：Ctrl＋Z。

2．操作格式

命令：OOPS↙

5.3 特性与特性匹配

5.3.1 修改对象属性

1．执行方式

命令行：DDMODIFY 或 PROPERTIES。

菜单栏：选择菜单栏中的"修改"→"特性"命令。

工具栏：单击"标准"工具栏中的"特性"按钮 。

2．操作格式

命令：DDMODIFY↙

打开"特性"选项板，如图 5-8 所示。利用它可以方便地设置或修改对象的各种属性。

不同的对象属性种类和值不同，修改属性值后，对象将被赋予新的属性。

5.3.2 特性匹配

特性匹配是将一个对象的某些或所有特性复制到另一个或多个对象上。可以复制的特性包括颜色、图层、线型、线型比例、厚度以及标注、文字和图案填充特性。特性匹配的命令是 MATCHPROP。

1．执行方式

命令行：MATCHPROP。

菜单栏：选择菜单栏中的"修改"→"特性匹配"命令。

2．操作格式

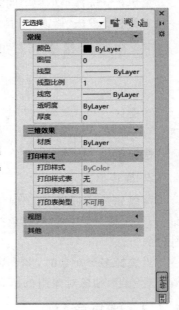

图 5-8 "特性"选项板

命令：MATCHPROP↙

选择源对象：(选择源对象)

选择目标对象或[设置(S)]：(选择目标对象)

图 5-9(a)为两个不同属性的对象，以左边的圆为源对象，对右边的矩形进行属性匹配，结果如图 5-9(b)所示。

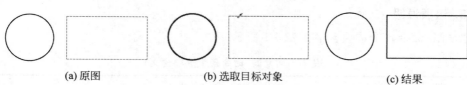

(a) 原图　　　　　　　　(b) 选取目标对象　　　　　　(c) 结果

图 5-9　特性匹配

Note

5.4　利用一个对象生成多个对象

5.4.1　复制

根据需要,可以将选择的对象复制一次,也可以复制多次(即多重复制)。在复制对象时,需要创建一个选择集,并为复制对象指定一个起点和终点,这两点分别称为基点和第二个位移点,可位于图形内的任何位置。

1. 执行方式

命令行:COPY。

菜单栏:选择菜单栏中的"修改"→"复制"命令。

工具栏:单击"修改"工具栏中的"复制"按钮 。

功能区:单击❶"默认"选项卡❷"修改"面板中的❸"复制"按钮 (图 5-10)。

快捷菜单:复制选择。

图 5-10　"修改"面板

2. 操作格式

命令:COPY ↙
选择对象:(选择要复制的对象)

用前面介绍的对象选择方法选择一个或多个对象,按 Enter 键结束选择操作。系统继续提示如下。

当前设置:复制模式 = 多个
指定基点或[位移(D)/模式(O)] <位移>:(指定基点或位移)
指定第二个点或[阵列(A)] <使用第一个点作为位移>:
指定第二个点或[阵列(A)/退出(E)/放弃(U)] <退出>:

3．选项说明

"复制"命令各个选项含义如表 5-1 所示。

表 5-1 "复制"命令各个选项含义

选　项	含　义	
位移（D）	直接输入位移值，表示以选择对象时的拾取点为基准，以拾取点坐标为移动方向纵横比，以移动指定位移后确定的点为基点。例如，选择对象时拾取点坐标为（2，3），输入位移为 5，则表示以（2，3）点为基准，沿纵横比为 3：2 的方向移动 5 个单位所确定的点为基点	
模式（O）	控制是否自动重复该命令。图 5-11 所示为将水盆复制后形成的洗手间图形	
	使用第一个点作为位移	将第一个点当作相对于 X、Y、Z 的位移。例如，如果指定基点为（2，3）并在下一个提示下按 Enter 键，则该对象从它当前的位置开始在 X 方向上移动 2 个单位，在 Y 方向上移动 3 个单位

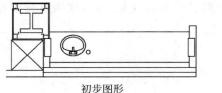 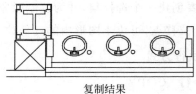

初步图形　　　　　　　　　　　　复制结果

图 5-11 洗手间

5.4.2 上机练习——办公桌

 练习目标

绘制如图 5-12 所示的办公桌，重点掌握"复制"命令的使用方法。

 设计思路

利用"矩形"命令绘制左半部分图形，然后利用"复制"命令绘制右半部分。

操作步骤

（1）单击"默认"选项卡"绘图"面板中的"矩形"按钮 ▱ ，在合适位置绘制一系列矩形，具体方法参照 4.3.2 节。结果如图 5-13 所示。

 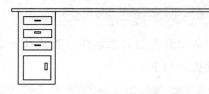

图 5-12　办公桌　　　　　　　　　　图 5-13　绘制矩形

（2）单击"默认"选项卡"修改"面板中的"复制"按钮 ％ ，将办公桌左边的一系列矩形复制到右边，完成办公桌的绘制。命令行中的提示与操作如下。

命令：copy↙
选择对象：(选取左边的一系列矩形)
选择对象：↙
当前设置：复制模式=多个
指定基点或[位移(D)]<位移>：(选取左边的一系列矩形任意指定一点)
指定第二个点或[阵列(A)]<使用第一个点作为位移>：(打开状态栏上的"正交"开关,指定适当位置的一点)
指定第二个点或[阵列(A)/退出(E)/放弃(U)]<退出>：↙

结果如图5-12所示。

5.4.3 镜像

将指定的对象按给定的镜像线做反像复制,即镜像。镜像操作适用于对称图形,是一种常用的编辑方法。

1. 执行方式

命令行：MIRROR。

菜单栏：选择菜单栏中的"修改"→"镜像"命令。

工具栏：单击"修改"工具栏中的"镜像"按钮 △。

功能区：单击"默认"选项卡"修改"面板中的"镜像"按钮 △。

2. 操作格式

命令：MIRROR↙
选择对象：(选择要镜像的对象)
指定镜像线的第一个点：(指定镜像线的第一个点)
指定镜像线的第二个点：(指定镜像线的第二个点)
要删除源对象吗?[是(Y)/否(N)]<否>：(确定是否删除源对象)

这两点确定一条镜像线,被选择的对象以该线为对称轴进行镜像。包含该线的镜像平面与用户坐标系统的XY平面垂直,即镜像操作工作在与用户坐标系统的XY平面平行的平面上。

5.4.4 上机练习——门平面图

 练习目标

绘制如图5-14所示的门平面图,重点掌握"镜像"命令的使用方法。

图5-14 门平面图

5-2

设计思路

绘制单扇门,然后利用"镜像"命令绘制双扇门和双扇弹簧门。

操作步骤

(1)门扇绘制:单击"默认"选项卡"绘图"面板中的"矩形"按钮 ▭,输入相对坐标"@50,1000",在绘图区的适当位置绘制一个 50×1000 矩形作为门扇。

(2)开门弧线绘制:单击"默认"选项卡"绘图"面板中的"圆弧"按钮 ⌒,按命令行提示进行操作。

```
命令: _arc
指定圆弧的起点或[圆心(C)]: C↙
指定圆弧的圆心:(鼠标捕捉矩形右下角点)
指定圆弧的起点:(鼠标捕捉矩形右上角点)
指定圆弧的端点(按住 Ctrl 键以切换方向)或[角度(A)/弦长(L)]:(鼠标向左在水平线上点取
一点,绘制完毕)
```

这样,单扇平开门的图形就绘好了,如图 5-15 所示。

(3)双扇门绘制:通过"复制""镜像"命令对上述单扇门进行处理后即可得到。单击"默认"选项卡"修改"面板中的"复制"按钮 ⌗,将单扇门复制一个到其他位置(图 5-16)。单击"默认"选项卡"修改"面板中的"镜像"按钮 ◭,选中复制出的单扇门,点取图中弧线的端点为镜像线的第

图 5-15　单扇平开门绘制

一个点,然后在垂直方向上点取第二个点,右击确定退出,即可完成绘制。注意事先用 F8 键调整到正交绘图模式下。命令行提示如下。

```
命令: _mirror↙
选择对象:(框选单扇门)
指定镜像线的第一个点:(捕捉 A 点)
指定镜像线的第二个点:(捕捉 B 点)
要删除源对象吗?[是(Y)/否(N)] <否>: ↙
```

采用类似的方法,还可以绘出双扇弹簧门,如图 5-17 所示,请读者自己完成。

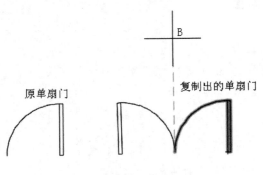

图 5-16　双扇门操作示意图

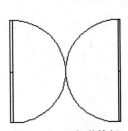

图 5-17　双扇弹簧门

5.4.5 偏移

偏移是根据确定的距离和方向,在不同的位置创建一个与选择的对象相似的新对象。可以偏移的对象包括直线、圆弧、圆、二维多段线、椭圆、椭圆弧、参照线、射线和平面样条曲线等。

1.执行方式

命令行:OFFSET。

菜单栏:选择菜单栏中的"修改"→"偏移"命令。

工具栏:单击"修改"工具栏中的"偏移"按钮⊆。

功能区:单击"默认"选项卡"修改"面板中的"偏移"按钮⊆。

2.操作格式

命令:OFFSET ↙
当前设置:删除源 = 否   图层 = 源   OFFSETGAPTYPE = 0
指定偏移距离或[通过(T)/删除(E)/图层(L)] <通过>:(指定距离值)
选择要偏移的对象,或[退出(E)/放弃(U)] <退出>:(选择要偏移的对象,按 Enter 键会结束操作)

3.选项说明

"偏移"命令各个选项含义如表 5-2 所示。

表 5-2   "偏移"命令各个选项含义

选　项	含　义
指定偏移距离	输入一个距离值,或按 Enter 键使用当前的距离值,系统把该距离值作为偏移距离,如图 5-18 所示
通过(T)	指定偏移的通过点,选择该选项后会出现如下提示。 选择要偏移的对象,或[退出(E)/放弃(U)] <退出>:(选择要偏移的对象,按 Enter 键会结束操作) 指定通过点或[退出(E)/多个(M)/放弃(U)] <退出>:(指定偏移对象的一个通过点) 操作完毕后系统根据指定的通过点绘出偏移对象,如图 5-19 所示

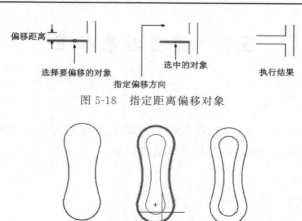

图 5-18   指定距离偏移对象

图 5-19   指定通过点偏移对象

5.4.6 上机练习——会议桌

练习目标

绘制如图5-20所示的会议桌,重点掌握"偏移"命令的使用方法。

设计思路

利用"偏移"命令绘制辅助线来完成会议桌的绘制。

操作步骤

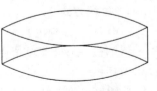

图5-20　会议桌

(1) 首先绘制两条长度为1500的竖直直线1、2,它们之间的距离为6000;然后,绘制直线3连接它们的中点,如图5-21所示。

(2) 由直线3分别偏移1500绘制出直线4、5;然后,选择"圆弧"命令,依次捕捉相关线段的端点和中点绘制出两条弧线,如图5-22所示。

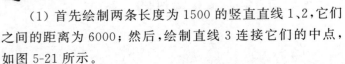

图5-21　绘制直线　　　　　　图5-22　偏移直线

(3) 再用"圆弧"命令绘制出内部的两条弧线,最后将辅助线删除,完成桌面的绘制,如图5-23所示。

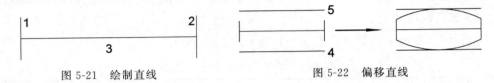

图5-23　绘制圆弧

5.5　调整对象位置

5.5.1　移动

移动对象是将对象位置平移,而不改变对象的方向和大小。如果要精确地移动对象,需要配合使用捕捉、坐标、夹点和对象捕捉模式。

1. 执行方式

命令行:MOVE。

菜单栏:选择菜单栏中的"修改"→"移动"命令。

工具栏:单击"修改"工具栏中的"移动"按钮。

快捷菜单：移动。

功能区：单击"默认"选项卡"修改"面板中的"移动"按钮 ✛ 。

2．操作格式

命令：MOVE ↙
选择对象：(选择对象)
指定基点或[位移(D)] <位移>：(指定基点或移至点)
指定第二个点或<使用第一个点作为位移>：

3．选项说明

"移动"命令各个选项含义如表 5-3 所示。

表 5-3　"移动"命令各个选项含义

选　项	含　义
修改	如果对"指定第二个点或<使用第一个点作为位移>："提示不输入而按 Enter 键，则第一次输入的值为相对坐标(@X,Y)。选择的对象从它当前的位置以第一次输入的坐标为位移量而移动
移动	可以使用夹点进行移动。当对所操作的对象选取基点后,按空格键以切换到"移动"模式

5.5.2　旋转

旋转是将所选对象绕指定点(即基点)旋转至指定的角度,以便调整对象的位置。

1．执行方式

命令行：ROTATE。
菜单栏：选择菜单栏中的"修改"→"旋转"命令。
工具栏：单击"修改"工具栏中的"旋转"按钮 ↻ 。
功能区：单击"默认"选项卡"修改"面板中的"旋转"按钮 ↻ 。
快捷菜单：旋转。

2．操作格式

命令：ROTATE ↙
UCS 当前的正角方向：ANGDIR = 逆时针　ANGBASE = 0
选择对象：(选择要旋转的对象)
指定基点：(指定旋转的基点,在对象内部指定一个坐标点)
指定旋转角度或[复制(C)/参照(R)] <0>：(指定旋转角度或其他选项)

3．选项说明

"旋转"命令各个选项含义如表 5-4 所示。

表 5-4　"旋转"命令各个选项含义

选　　项	含　　义
复制(C)	选择该项,旋转对象的同时保留原对象,如图 5-24 所示
参照(R)	采用参照方式旋转对象时,系统提示如下: 指定参照角<0>:(指定要参考的角度,默认值为 0) 指定新角度或[点(P)]:(输入旋转后的角度值)
旋转	操作完毕后,对象被旋转至指定的角度位置。 🔒 提示:可以用拖动鼠标的方法旋转对象。选择对象并指定基点后,从基点到当前光标位置会出现一条连线,移动鼠标,选择的对象会动态地随着该连线与水平方向的夹角的变化而旋转,按 Enter 键确认旋转操作,如图 5-25 所示

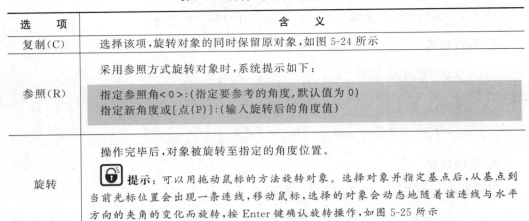

旋转前　　　　　　　　　旋转后

图 5-24　复制旋转　　　　　　　　　　　图 5-25　拖动鼠标旋转对象

5.5.3　对齐

可以通过移动、旋转或倾斜一个对象来使该对象与另一个对象对齐。此命令既适用于三维对象,也适用于二维对象。

1. 执行方式

命令行:ALIGN。

菜单栏:选择菜单栏中的"修改"→"三维操作"→"对齐"命令。

2. 操作格式

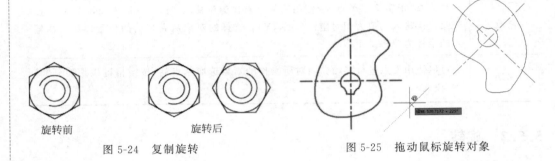

```
命令:ALIGN↙
指定第一个源点:
指定第一个目标点:
指定第二个源点:
指定第二个目标点:
指定第三个源点或<继续>:
是否基于对齐点缩放对象?[是(Y)/否(N)] <否>:
```

5.5.4 上机练习——桌椅对齐

练习目标

对齐如图 5-26 所示的会议桌椅,重点掌握"对齐"命令的使用方法。

设计思路

利用"对齐"命令对齐桌椅。

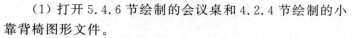
操作步骤

(1) 打开 5.4.6 节绘制的会议桌和 4.2.4 节绘制的小
靠背椅图形文件。

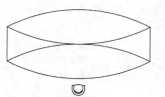

图 5-26　对齐桌椅

5-4

(2) 利用"编辑"菜单的"复制"和"粘贴"命令将小靠背椅图形复制到会议桌图形中
适当位置。

(3) 选择菜单栏"修改"→"三维操作"→"对齐"命令,按命令行提示进行操作。

```
命令:ALIGN ↙
选择对象:(在屏幕上拉出矩形选框将椅子图形全部选中)
选择对象:↙
指定第一个源点:(选择椅子边缘弧线中点为第一个源点,如图 5-27 所示)
指定第一个目标点:(选择桌子边缘弧线中点为第一个目标点,然后按 Enter 键,结果如
图 5-28 所示)↙
```

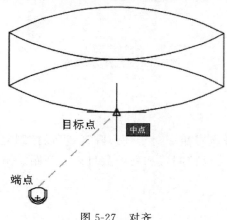

图 5-27　对齐

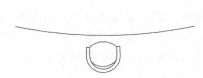

图 5-28　对齐后的椅子

(4) 单击"默认"选项卡"修改"面板中的"移动"按钮 ✛ ,将椅子竖直向下移出一定
距离,使它不紧贴桌子边缘。命令行提示和操作如下。

```
命令:_move
选择对象:(框选椅子)
指定基点或[位移(D)] <位移>:(指定任意一点)
指定第二个点或<使用第一个点作为位移>:(打开状态栏上的"正交"开关,向下适当位置指定一点)
```

结果如图 5-26 所示。

Note

（5）移动光标选中桌子边缘圆弧，并右击，打开右键快捷菜单。选择其中的"特性"命令，如图 5-29 所示，弹出"特性"选项板（图 5-30）；记下其圆心坐标和总角度，为后面的阵列做准备。

🔒 提示：记下圆心坐标和总角度以备阵列时用。读者绘图的位置不可能和笔者完全一样，所以圆心坐标不会与图中相同，特此说明。

图 5-29　选择"特性"命令　　　　　　图 5-30　"特性"选项板

5.5.5　阵列

阵列按环形或矩形排列形式复制对象或选择集。对于环形阵列，可以控制复制对象的数目和是否旋转对象。对于矩形阵列，可以控制行和列的数目以及间距。图 5-31 分别是矩形阵列和环形阵列的示例。

1. 执行方式

命令行：ARRAY。

菜单栏：选择菜单栏中的"修改"→"阵列"→"矩形阵列"或"路径阵列"或"环形阵列"命令。

工具栏：单击"修改"工具栏中的"矩形阵列"按钮 或"路径阵列"按钮 或"环形阵列"按钮 ，可以以不同的方式阵列对象。

功能区：单击"默认"选项卡"修改"面板中的"矩形阵列"按钮 /"路径阵列"按钮 /"环形阵列"按钮 （图 5-32）。

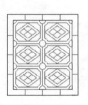

(a) 矩形阵列　　　　　(b) 环形阵列

图 5-31　阵列

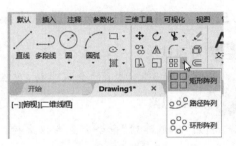

图 5-32　"修改"面板

2．操作格式

命令：ARRAY↙
选择对象：(使用对象选择方法)
输入阵列类型[矩形(R)/路径(PA)/极轴(PO)]<矩形>：PA↙
类型 = 路径关联 = 是
选择路径曲线：(使用一种对象选择方法)
选择夹点以编辑阵列或[关联(AS)/方法(M)/基点(B)/切向(T)/项目(I)/行(R)/层(L)/对齐项目(A)/Z方向(Z)/退出(X)] <退出>：(通过夹点,调整阵列行数和层数；也可以分别选择各选项输入数值)

3．选项说明

"阵列"命令各个选项含义如表 5-5 所示。

表 5-5　"阵列"命令各个选项含义

选　　项	含　　义
矩形（R）/路径（PA）/极轴（PO）	分别对应矩形阵列、路径阵列和环形阵列三种方式
方法（M）	决定路径阵列时对路径上的阵列插入点进行定数等分还是定距等分
方向（O）	控制选定对象是否将相对于路径的起始方向重定向（旋转），然后再移动到路径的起点
基点（B）	指定阵列的基点
切向（T）	指定阵列中的项目如何相对于路径的起始方向对齐
关联（AS）	指定是否在阵列中创建项目作为关联阵列对象，或作为独立对象
项目（I）	编辑阵列中的项目数
行（R）	指定阵列中的行数和行间距,以及它们之间的增量标高
层（L）	指定阵列中的层数和层间距
对齐项目（A）	指定是否对齐每个项目以与路径的方向相切。对齐相对于第一个项目的方向（方向选项）
Z 方向（Z）	控制是否保持项目的原始 Z 方向或沿三维路径自然倾斜项目
退出（X）	退出命令执行

5-5

5.5.6　上机练习——布置会议桌椅

 练习目标

绘制如图 5-33 所示的会议桌椅，重点掌握"阵列"命令的使用方法。

设计思路

利用"环形阵列"命令布置会议桌椅。

操作步骤

（1）打开 5.5.4 节绘制的对齐桌椅。

（2）单击"默认"选项卡"修改"面板中的"环形阵列"按钮，指定桌面圆心为阵列中心点，选择椅子作为阵列对象，阵列数目为 4。命令行中的提示与操作如下。

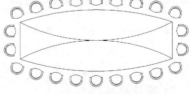

图 5-33　会议桌椅

```
命令：_arraypolar
选择对象：(框选椅子)
选择对象：↙
类型 = 极轴　关联 = 是
指定阵列的中心点或[基点(B)/旋转轴(A)]：8716，－6155 ↙(按图 5-30 中显示的坐标)
选择夹点以编辑阵列或[关联(AS)/基点(B)/项目(I)/项目间角度(A)/填充角度(F)/行(ROW)/层(L)/旋转项目(ROT)/退出(X)] <退出>：I
输入阵列中的项目数或[表达式(E)] <6>：5
选择夹点以编辑阵列或[关联(AS)/基点(B)/项目(I)/项目间角度(A)/填充角度(F)/行(ROW)/层(L)/旋转项目(ROT)/退出(X)] <退出>：F
指定填充角度( +＝逆时针、－＝顺时针)或[表达式(EX)] <360>：28(按图 5-30 中显示的坐标的一半)
选择夹点以编辑阵列或[关联(AS)/基点(B)/项目(I)/项目间角度(A)/填充角度(F)/行(ROW)/层(L)/旋转项目(ROT)/退出(X)] <退出>：AS
创建关联阵列[是(Y)/否(N)] <否>：N
选择夹点以编辑阵列或[关联(AS)/基点(B)/项目(I)/项目间角度(A)/填充角度(F)/行(ROW)/层(L)/旋转项目(ROT)/退出(X)] <退出>：
```

结果如图 5-34 所示。

（3）两次利用"镜像"命令，将椅子围绕桌子的两条中线进行镜像处理。结果如图 5-35 所示。

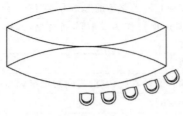

图 5-34　阵列

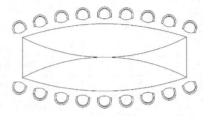

图 5-35　镜像

（4）单击"默认"选项卡"修改"面板中的"旋转"按钮，将下边中间椅子进行复制旋转。命令行操作如下。

Note

```
命令：_rotate
UCS 当前的正角方向：ANGDIR = 逆时针   ANGBASE = 0.0
选择对象：(框选下边中间椅子)
指定基点：(指定桌子下边弧线靠上大约位置一点)
指定旋转角度，或[复制(C)/参照(R)]＜0.0＞：c↙
指定旋转角度，或[复制(C)/参照(R)]＜0.0＞：90↙
```

结果如图 5-36 所示。

（5）利用"移动"命令 ✥ 将刚复制旋转的椅子移动到桌子右边适当位置，如图 5-37
所示。

图 5-36　复制旋转

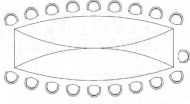

图 5-37　移动

（6）利用"复制"命令和"镜像"命令将刚移动的椅子进行复制和镜像。最终结果如
图 5-33 所示。

5.6　调整对象尺寸

5.6.1　缩放

缩放是使对象整体放大或缩小，通过指定一个基点和比例因子来缩放对象。

1．执行方式

命令行：SCALE。

菜单栏：选择菜单栏中的"修改"→"缩放"命令。

工具栏：单击"修改"工具栏中的"缩放"按钮 🔲。

功能区：单击"默认"选项卡"修改"面板中的"缩放"按钮 🔲。

快捷菜单：缩放。

2．操作格式

```
命令：SCALE↙
选择对象：(选择要缩放的对象)
指定基点：(指定缩放操作的基点)
指定比例因子或[复制(C)/参照(R)]＜1.0000＞：
```

3．选项说明

"缩放"命令各个选项含义如表 5-6 所示。

表 5-6 "缩放"命令各个选项含义

选 项	含 义
缩放	采用参考方式缩放对象时,系统提示如下。 指定参照长度<1.0000>:(指定参考长度值) 指定新的长度或[点(P)]<1.0000>:(指定新长度值) 若新长度值大于参考长度值,则放大对象;否则缩小对象。操作完毕后,系统以指定的点为基点按指定的比例因子缩放对象。如果选择"点(P)"选项,则指定两点来定义新的长度
缩放的对象	可以用拖动鼠标的方法缩放对象。选择对象并指定基点后,从基点到当前光标位置会出现一条连线,线段的长度即为比例大小。移动鼠标,选择的对象会动态地随着连线长度的变化而缩放,按 Enter 键会确认缩放操作
复制缩放	选择"复制(C)"选项时,可以复制缩放对象,即缩放对象时保留原对象,如图 5-38 所示

(a) 缩放前

(b) 缩放后

图 5-38 复制缩放

5.6.2 修剪

可以用指定的边界(由一个或多个对象定义的剪切边)修剪指定的对象。剪切边可以是直线、圆弧、圆、多段线、椭圆、样条曲线、构造线、射线和图纸空间中的视口。

1. 执行方式

命令行:TRIM。

菜单栏:选择菜单栏中的"修改"→"修剪"命令。

工具栏:单击"修改"工具栏中的"修剪"按钮 。

功能区:单击"默认"选项卡"修改"面板中的"修剪"按钮 。

2. 操作格式

命令:TRIM ↙
当前设置:投影 = UCS,边 = 无
选择剪切边...
选择对象或<全部选择>:(选择用作修剪边界的对象)
选择要修剪的对象,或按住 Shift 键选择要延伸的对象,或[栏选(F)/窗交(C)/投影(P)/边(E)/删除(R)/放弃(U)]:

3. 选项说明

"修剪"命令各个选项含义如表 5-7 所示。

表 5-7 "修剪"命令各个选项含义

选 项		含 义
缩放		在选择对象时,如果按住 Shift 键,系统就自动将"修剪"命令转换成"延伸"命令。"延伸"命令将在 5.6.4 节介绍
缩放的对象		选择"边"选项时,可以选择对象的修剪方式
	延伸(E)	延伸边界进行修剪。在此方式下,如果剪切边没有与要修剪的对象相交,系统会延伸剪切边直至与对象相交,然后再修剪,如图 5-39 所示
	不延伸(N)	不延伸边界修剪对象,只修剪与剪切边相交的对象
修剪对象		选择"栏选(F)"选项时,系统以栏选的方式选择被修剪对象,如图 5-40 所示
		选择"窗交(C)"选项时,系统以窗交方式选择被修剪对象,如图 5-41 所示
		被选择的对象可以互为边界和被修剪对象,此时系统会在选择的对象中自动判断边界

剪切边　　　　选择要修剪的对象　　修剪后的结果

图 5-39　延伸方式修剪对象

选择剪切边　　　选择要修剪的对象　　修剪后的结果

图 5-40　栏选修剪对象

选择剪切边　　　选择要修剪的对象　　修剪后的结果

图 5-41　窗交选择修剪对象

5.6.3　上机练习——单人床

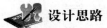 **练习目标**

绘制如图 5-42 所示的单人床,重点掌握"修剪"命令的使用方法。

设计思路

首先设置"图层",其次利用"直线"命令、"矩形"命令、"矩形阵列"命令和"圆角"命令绘制图形,最后利用"修剪"命令修剪多余图形。

操作步骤

（1）单击"默认"选项卡"绘图"面板中的"矩形"按钮 □ ，绘制角点坐标为（0,0）、（@1000,2000）的矩形，如图5-43所示。

（2）单击"默认"选项卡"绘图"面板中的"直线"按钮 ╱ ，绘制坐标点分别为{（125，1000）、（125,1900）}{（875,1900）、（875,1000）}{（155,1000）、（155,1870）}{（845,1870）、（845,1000）}的直线。

（3）单击"默认"选项卡"绘图"面板中的"直线"按钮 ╱ ，绘制坐标点为（0,280）、（@1000,0）的直线。绘制结果如图5-44所示。

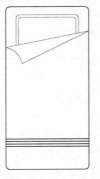

图5-42　单人床　　　　　图5-43　绘制矩形　　　　　图5-44　绘制直线

（4）单击"默认"选项卡"修改"面板中的"矩形阵列"按钮 品 ，对象为最近绘制的直线，行数为4，列数1，行间距设为30。绘制结果如图5-45所示。

（5）单击"默认"选项卡"修改"面板中的"圆角"按钮 ╭ ，将外轮廓线的圆角半径设为50，内衬圆角半径设为40。绘制结果如图5-46所示。

（6）单击"默认"选项卡"绘图"面板中的"直线"按钮 ╱ ，绘制坐标点为（0,1500）、（@1000,200）、（@-800,-400）的直线。

（7）单击"默认"选项卡"绘图"面板中的"圆弧"按钮 ╭ ，绘制起点为（200,1300）、第二点为（130,1430）、圆弧端点为（0,1500）的圆弧。绘制结果如图5-47所示。

（8）单击"默认"选项卡"修改"面板中的"修剪"按钮 ✂ ，修剪多余图线。修剪结果如图5-42所示。

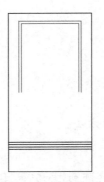
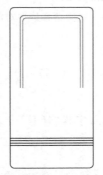
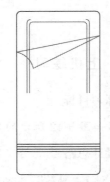

图5-45　阵列处理　　　　　图5-46　圆角处理　　　　　图5-47　绘制直线与圆弧

5.6.4 延伸

延伸是将对象延伸至另一个对象的边界线(或隐含边界线)。

1. 执行方式

命令行：EXTEND。

菜单栏：选择菜单栏中的"修改"→"延伸"命令。

工具栏：单击"修改"工具栏中的"延伸"按钮 →|。

功能区：单击"默认"选项卡"修改"面板中的"延伸"按钮 →|。

2. 操作格式

命令：EXTEND↙
当前设置：投影=UCS,边=无
选择边界的边…
选择对象或<全部选择>:(选择边界对象。若直接按Enter键,则选择所有对象作为可能的边界对象)
选择要延伸的对象,或按住Shift键选择要修剪的对象,或[栏选(F)/窗交(C)/投影(P)/边(E)/放弃(U)]:

3. 选项说明

"延伸"命令各个选项含义如表5-8所示。

表5-8 "延伸"命令各个选项含义

选 项	含 义
延伸对象	如果要延伸的对象是适配样条多段线,则延伸后会在多段线的控制框上增加新节点。如果要延伸的对象是锥形的多段线,AutoCAD 2022会修正延伸端的宽度,使多段线从起始端平滑地延伸至新的终止端。如果延伸操作导致终止端的宽度可能为负值,则取宽度值为0。延伸对象如图5-48所示
延伸边界	切点也可以作为延伸边界
修剪	选择对象时,如果按住Shift键,系统就自动将"延伸"命令转换成"修剪"命令

选择边界对象 选择要延伸的多段线 延伸后的结果

图5-48 延伸对象

5.6.5 上机练习——车轮

练习目标

将图5-49(a)中车轮的辐轮直线延伸到一个车轮的边界,重点掌握"延伸"命令的使用方法。

5-7

设计思路

利用"延伸"命令将车轮延伸处理。

操作步骤

打开初始文件第 5 章"辐轮.dwg",单击"默认"选项卡"修改"面板中的"延伸"按钮 →。命令行中的提示与操作如下。

```
命令: _extend↙
当前设置:投影 = UCS,边 = 无
选择边界的边...
选择对象或<全部选择>:(选择小圆作为延伸边界对象,如图 5-49(a)所示)找到 1 个↙
选择要延伸的对象,或按住 Shift 键选择要修剪的对象,或[栏选(F)/窗交(C)/投影(P)/边(E)/
放弃(U)]:{选择要延伸的对象(1 条曲线),如图 5-49(b)所示}
选择要延伸的对象,或按住 Shift 键选择要修剪的对象,或[栏选(F)/窗交(C)/投影(P)/边(E)/
放弃(U)]:↙
```

延伸结果如图 5-49(c)所示。

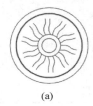　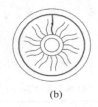　

(a)　　　　　　　　　(b)　　　　　　　　　(c)

图 5-49　延伸对象

5.6.6　拉伸

拉伸是指拖拉选择的对象,使对象的形状发生改变。要拉伸对象,首先要用交叉窗口或交叉多边形选择要拉伸的对象,然后指定拉伸的基点和位移量。

1. 执行方式

命令行:STRETCH。

菜单栏:选择菜单栏中的"修改"→"拉伸"命令。

工具栏:单击"修改"工具栏中的"拉伸"按钮 。

功能区:单击"默认"选项卡"修改"面板中的"拉伸"按钮 。

2. 操作格式

```
命令:STRETCH↙
以 C 交叉窗口或 CP 交叉多边形选择要拉伸的对象...
选择对象:C↙
指定第一个角点:(采用交叉窗口的方式选择要拉伸的对象)
指定基点或[位移(D)] <位移>:(指定拉伸的基点)
指定第二个点或<使用第一个点作为位移>:(指定拉伸的移至点)
```

此时,若指定第二个点,系统将根据这两点决定的矢量拉伸对象。若直接按 Enter

键,系统会把第一个点作为 X 轴和 Y 轴的分量值。拉伸(STRETCH)移动完全包含在交叉窗口内的顶点和端点,部分包含在交叉窗口内的对象将被拉伸。

5.6.7 拉长

非闭合的直线、圆弧、多段线、椭圆弧和样条曲线的长度可以通过拉长改变,也可以改变圆弧的角度。

1. 执行方式

命令行:LENGTHEN。

菜单栏:选择菜单栏中的“修改”→“拉长”命令。

功能区:单击“默认”选项卡“修改”面板中的“拉长”按钮 ✐。

2. 操作格式

> 命令:LENGTHEN ✓
>
> 选择要测量的对象或[增量(DE)/百分比(P)/总计(T)/动态(DY)] <总计(T)>:(选定对象)
>
> 当前长度:30.5001(给出选定对象的长度,如果选择圆弧,则还将给出圆弧的包含角)
>
> 选择要测量的对象或[增量(DE)/百分比(P)/总计(T)/动态(DY)] <总计(T):DE ✓(选择拉长或缩短的方式,如选择"增量(DE)"方式)
>
> 输入长度增量或[角度(A)] <0.0000>:10 ✓(输入长度增量数值,如果选择圆弧段,则可输入选项 A 给定角度增量)
>
> 选择要修改的对象或[放弃(U)]:(选定要修改的对象,进行拉长操作)
>
> 选择要修改的对象或[放弃(U)]:(继续选择,按 Enter 键结束命令)

3. 选项说明

“拉长”命令各个选项含义如表 5-9 所示。

表 5-9 “拉长”命令各个选项含义

选　项	含　义
增量(DE)	用来指定一个增加的长度或角度
百分比(P)	按对象总长的百分比来改变对象的长度
总计(T)	指定对象总的绝对长度或包含的角度
动态(DY)	用拖动鼠标的方法来动态地改变对象的长度

5.6.8 打断

打断是通过指定点删除对象的一部分或将对象分断。

1. 执行方式

命令行:BREAK。

菜单栏:选择菜单栏中的“修改”→“打断”命令。

工具栏:单击“修改”工具栏中的“打断”按钮 ▢。

功能区:单击“默认”选项卡“修改”面板中的“打断”按钮 ▢。

2．操作格式

> 命令：BREAK ↙
> 选择对象：(选择要打断的对象)
> 指定第二个打断点或[第一点(F)]：(指定第二个断开点或输入F)

3．选项说明

"打断"命令各个选项含义如表 5-10 所示。

表 5-10　"打断"命令各个选项含义

选　　项	含　　义
第一点	如果选择"第一点(F)"，AutoCAD 2022 将丢弃前面的第一个选择点，重新提示用户指定两个断开点
第二个断开点	打断对象时，需要确定两个断点。可以将选择对象处作为第一个断点，然后指定第二个断点；还可以先选择整个对象，然后指定两个断点
打断	如果仅想将对象在某点打断，则可直接应用"修改"工具栏中的"打断于点"按钮
	打断命令主要用于删除断点之间的对象，因为某些删除操作是不能由 ERASE 和 TRIM 命令完成的。例如，圆的中心线和对称中心线过长时可利用打断操作进行删除

5.6.9　光顺曲线

可以在两条选定直线或曲线之间的空隙中创建样条曲线。

1．执行方式

命令行：BLEND。

菜单栏：选择菜单栏中的"修改"→"光顺曲线"命令。

工具栏：单击"修改"工具栏中的"光顺曲线"按钮 〰 。

2．操作格式

> 命令：BLEND ↙
> 连续性 = 相切
> 选择第一个对象或[连续性(CON)]：CON
> 输入连续性[相切(T)/平滑(S)]<切线>：
> 选择第一个对象或[连续性(CON)]：
> 选择第二个点：

3．选项说明

"光顺曲线"命令各个选项含义如表 5-11 所示。

表 5-11　"光顺曲线"命令各个选项含义

选　　项	含　　义
连续性(CON)	在两种过渡类型中指定一种
相切(T)	创建一条 3 阶样条曲线，在选定对象的端点处具有相切(G1)连续性

续表

选　项	含　义
平滑(S)	创建一条 5 阶样条曲线,在选定对象的端点处具有曲率(G2)连续性。 如果使用"平滑"选项,请勿将显示从控制点切换为拟合点。此操作将样条曲线更改为 3 阶,这会改变样条曲线的形状

5.6.10　分解

1．执行方式

命令行：EXPLODE。

菜单栏：选择菜单栏中的"修改"→"分解"命令。

工具栏：单击"修改"工具栏中的"分解"按钮 。

功能区：单击"默认"选项卡"修改"面板中的"分解"按钮 。

2．操作格式

命令：EXPLODE↙
选择对象：(选择要分解的对象)

选择一个对象后,该对象会被分解。系统将继续提示该行信息,允许分解多个对象。

此命令可以对块、二维多段线、带宽度的多段线、三维多段线、复合线、多文本、区域等进行分解。选择的对象不同,分解的结果就不同。

5.6.11　合并

使用合并功能可以将直线、圆、椭圆弧和样条曲线等独立的线段合并为一个对象,如图 5-50 所示。

1．执行方式

命令行：JOIN。

菜单栏：选择菜单栏中的"修改"→"合并"命令。

工具栏：单击"修改"工具栏中的"合并"按钮 。

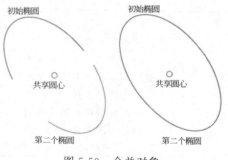

图 5-50　合并对象

功能区：单击"默认"选项卡"修改"面板中的"合并"按钮 。

2．操作格式

命令：JOIN↙
选择源对象：(选择一个对象)
选择要合并的对象：(选择另一个对象)

5.7　圆角及倒角

5.7.1　圆角

圆角是通过一个指定半径的圆弧光滑地连接两个对象。可以进行圆角的对象有直线、非圆弧的多段线段、样条曲线、构造线、射线、圆、圆弧和椭圆。圆角半径由AutoCAD自动计算。

1. 执行方式

命令行：FILLET。

菜单栏：选择菜单栏中的"修改"→"圆角"命令。

工具栏：单击"修改"工具栏中的"圆角"按钮　。

功能区：单击"默认"选项卡"修改"面板中的"圆角"按钮　。

2. 操作格式

```
命令：FILLET↙
当前设置：模式 = 修剪,半径 = 0.0000
选择第一个对象或[放弃(U)/多段线(P)/半径(R)/修剪(T)/多个(M)]:(选择第一个对象或其他选项)
选择第二个对象,或按住 Shift 键选择对象以应用角点或[半径(R)]:(选择第二个对象)
```

3. 选项说明

"圆角"命令各个选项含义如表 5-12 所示。

表 5-12　"圆角"命令各个选项含义

选　　项	含　　义
放弃(U)	放弃上一步执行的操作
多段线(P)	在一条二维多段线的两段直线段的节点处插入圆滑的弧。选择多段线后,系统会根据指定的圆弧半径把多段线各顶点用圆滑的弧连接起来
半径(R)	确定圆角半径
修剪(T)	决定在圆滑连接两条边时,是否修剪这两条边,如图 5-51 所示
多个(M)	同时对多个对象进行圆角编辑,而不必重新启用命令。按住 Shift 键并选择两条直线,可以快速创建零距离倒角或零半径圆角

修剪方式　　　　　　　不修剪方式

图 5-51　圆角连接

5.7.2 上机练习——小便器

 练习目标

绘制如图 5-52 所示的小便器，重点掌握"圆角"命令的使用方法。

 设计思路

利用之前学到的知识绘制图形，然后将图形圆角处理。

 操作步骤

1. 绘制水桶

（1）单击"默认"选项卡"绘图"面板中的"矩形"按钮 □，绘制一个矩形。命令行中的提示与操作如下。

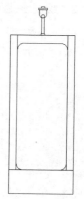

图 5-52 小便器

```
命令:_rectang
指定第一个角点或[倒角(C)/标高(E)/圆角(F)/厚度(T)/宽度(W)]:0,0↙
指定另一个角点或[面积(A)/尺寸(D)/旋转(R)]:400,1000↙
```

重复"矩形"命令，绘制另外 3 个矩形，角点坐标分别为{(0,150)(45,1000)}{(45,150)(355,950)}{(355,150)(400,1000)}。绘制的矩形如图 5-53 所示。

（2）单击"默认"选项卡"修改"面板中的"圆角"按钮 ⌐，将圆角半径设为 40，将中间的矩形进行圆角处理。命令行中的提示与操作如下。

```
命令:_fillet
当前设置:模式=修剪,半径=0.0000
选择第一个对象或[放弃(U)/多段线(P)/半径(R)/修剪(T)/多个(M)]:R↙
指定圆角半径:40↙
选择第一个对象或[放弃(U)/多段线(P)/半径(R)/修剪(T)/多个(M)]:P↙
选择二维多段线:(选择小矩形)
```

（3）单击"默认"选项卡"绘图"面板中的"直线"按钮 ╱，绘制端点为{(45,150)(355,150)}的直线。绘制结果如图 5-54 所示。

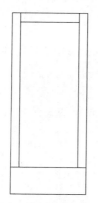

图 5-53 绘制矩形

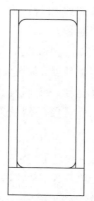

图 5-54 圆角处理并绘制直线

2. 绘制水龙头

（1）单击"默认"选项卡"绘图"面板中的"直线"按钮 ╱，绘制直线。命令行中的提示与操作如下。

```
命令：_line
指定第一个点：187.5,1000 ↙
指定下一点或[放弃(U)]:189.5,1010 ↙
指定下一点或[放弃(U)]:210.5,1010 ↙
指定下一点或[闭合(C)/放弃(U)]:212.5,1000 ↙
指定下一点或[闭合(C)/放弃(U)]: ↙
```

（2）单击"默认"选项卡"绘图"面板中的"矩形"按钮 ▭ ，绘制矩形。命令行中的提示与操作如下。

```
命令：_rectang
指定第一个角点或[倒角(C)/标高(E)/圆角(F)/厚度(T)/宽度(W)]:192.5,1010 ↙
指定另一个角点或[面积(A)/尺寸(D)/旋转(R)]:207.5,1110 ↙
```

重复"矩形"命令，绘制另外两个矩形，角点坐标分别为 {(172.5,1160),(227.5,1170)} 和 {(190,1170),(210,1180)}。

（3）利用"直线"命令，绘制两条线段，坐标分别为 {(177.5,1160),(177.5,1131)} 和 {(222.5,1131),(222.5,1160)}。再利用"圆弧"命令绘制一段圆弧，圆弧 3 个端点分别捕捉为刚绘制的两条线段下端点和最下面矩形的上边的中点。

（4）单击"默认"选项卡"绘图"面板中的"圆"按钮 ⊙，以 (200,1120) 为圆心，绘制半径为 10 的圆。绘制的水龙头如图 5-55 所示。

图 5-55　绘制水龙头

5.7.3　倒角

倒角是通过延伸（或修剪）使两个不平行的线型对象相交或利用斜线连接。例如，对由直线、多段线、参照线和射线等构成的图形对象进行倒角。AutoCAD 采用两种方法确定连接两个线型对象的斜线。

（1）指定斜线距离。斜线距离是指从被连接的对象与斜线的交点到被连接的两个对象可能的交点之间的距离，如图 5-56 所示。

（2）指定斜线角度和一个斜线距离。采用这种方法用斜线连接对象时，需要输入两个参数：斜线与一个对象的斜线距离和斜线与另一个对象的夹角，如图 5-57 所示。

1. 执行方式

命令行：CHAMFER。

菜单栏：选择菜单栏中的"修改"→"倒角"命令。

工具栏：单击"修改"工具栏中的"倒角"按钮 ╱。

功能区：单击"默认"选项卡"修改"面板中的"倒角"按钮 ╱。

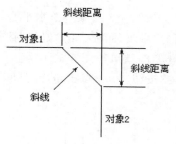

图 5-56 斜线距离

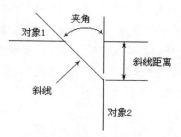

图 5-57 斜线距离与夹角

2.操作格式

命令：CHAMFER ↙
("修剪"模式)当前倒角距离 1 = 0.0000,距离 2 = 0.0000
选择第一条直线或[放弃(U)/多段线(P)/距离(D)/角度(A)/修剪(T)/方式(E)/多个(M)]:(选择第一条直线或其他选项)
选择第二条直线,或按住 Shift 键选择直线以应用角点或[距离(D)/角度(A)/方法(M)]:(选择第二条直线)

3.选项说明

（1）若设置的倒角距离太大或倒角角度无效,系统会给出错误提示信息。

（2）当两个倒角距离均为零时,CHAMFER 命令会使选定的两条直线相交,但不产生倒角。

（3）执行"倒角"命令后,系统提示中各选项的含义如下。

① 多段线(P)：对多段线的各个交叉点进行倒角。

② 距离(D)：确定倒角的两个斜线距离。

③ 角度(A)：选择第一条直线的斜线距离和第一条直线的倒角角度。

④ 修剪(T)：用来确定倒角时是否对相应的倒角边进行修剪。

⑤ 方式(E)：用来确定是按距离(D)方式还是按角度(A)方式进行倒角。

⑥ 多个(M)：同时对多个对象进行倒角编辑。

⑦ 放弃(U)：放弃上一步执行的操作。

5.7.4 上机练习——吧台

 练习目标

利用"倒角"命令绘制如图 5-58 所示的吧台,重点掌握"倒角"命令的使用方法。

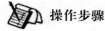 **设计思路**

首先设置图幅,然后绘制图形,对图形进行倒角处理。

操作步骤

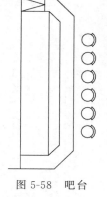

5-9

图 5-58 吧台

（1）选择菜单栏中的"格式"→"图形界限"命令,设置图幅为 297×210。

（2）单击"默认"选项卡"绘图"面板中的"直线"按钮 ∕，绘制一条水平直线和一条竖直直线，结果如图5-59所示。单击"默认"选项卡"修改"面板中的"偏移"按钮 ⊂，将竖直直线分别向右偏移8、4、6，将水平直线向上偏移6，结果如图5-60所示。

（3）单击"默认"选项卡"修改"面板中的"倒角"按钮 ∕，将图形进行倒角处理。命令行中的提示与操作如下。

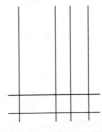

图 5-59　绘制直线　　　　　　　　　图 5-60　偏移处理

```
命令:chamfer↙
("修剪"模式)当前倒角距离 1 = 0.0000,距离 2 = 0.0000
选择第一条直线或[放弃(U)/多段线(P)/距离(D)/角度(A)/修剪(T)/方式(E)/多个(M)]:d↙
指定第一个倒角距离<0.0000>:6↙
指定第二个倒角距离<6.0000>:↙
选择第一条直线或[放弃(U)/多段线(P)/距离(D)/角度(A)/修剪(T)/方式(E)/多个(M)]:(选择最右侧的线)
选择第二条直线,或按住 Shift 键选择直线以应用角点或[距离(D)/角度(A)/方法(M)]:(选择最下侧的水平线)
```

重复"倒角"命令，将其他交线进行倒角处理。结果如图5-61所示。

（4）单击"默认"选项卡"修改"面板中的"镜像"按钮 ◣，将图形进行镜像处理。结果如图5-62所示。

（5）单击"默认"选项卡"绘图"面板中的"直线"按钮 ∕，绘制门。结果如图5-63所示。

（6）单击"默认"选项卡"绘图"面板中的"圆"按钮 ⊙ 、"圆弧"按钮 ⌒ 和"多段线"按钮 ⊃，绘制座椅。结果如图5-64所示。

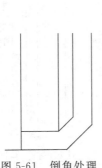 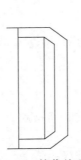 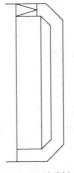 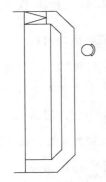

图 5-61　倒角处理　　　　图 5-62　镜像处理　　　　图 5-63　绘制门　　　　图 5-64　绘制座椅

（7）单击"默认"选项卡"修改"面板中的"矩形阵列"按钮 ，选择座椅为阵列对象，设置阵列行数为 6，列数为 1，行间距为 −360。结果如图 5-58 所示。

（8）单击"快速访问"工具栏中的"另存为"按钮 ，保存图形。

5.8　使用夹点功能进行编辑

使用夹点功能可以方便地进行移动、旋转、缩放、拉伸等编辑操作，这是编辑对象非常方便和快捷的方法。

5.8.1　夹点概述

在使用"先选择后编辑"方式选择对象时，可点取欲编辑的对象，或按住鼠标左键拖出一个矩形框，框住欲编辑的对象。松开后，所选择的对象上就出现若干个小正方形，同时对象高亮显示。这些小正方形称为夹点，如图 5-65 所示。夹点表示了对象的控制位置。夹点的大小及颜色可以在图 5-1 所示的"选项"对话框中调整。若要移去夹点，可按 Esc 键。要从夹点选择集中移去指定对象，在选择对象时按住Shift 键。

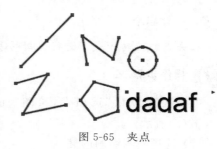

图 5-65　夹点

5.8.2　使用夹点进行编辑

使用夹点功能编辑对象需要选择一个夹点作为基点，方法是：将十字光标的中心对准夹点，单击，此时夹点即成为基点，并且显示为红色小方块。利用夹点进行编辑的模式有"删除""移动""复制选择""旋转""缩放"。可以用空格键、Enter 键或快捷菜单（右击弹出的快捷菜单）循环切换这些模式。

下面以图 5-66 所示的图形为例说明使用夹点进行编辑的方法，操作步骤如下。

（1）选择图形，显示夹点，如图 5-66(a)所示。

（2）点取图形右下角夹点，命令行提示如下。

> 指定拉伸点或[基点(B)/复制(c)/放弃(U)/退出(X)]：

移动鼠标拉伸图形，如图 5-66(b)所示。

（3）右击，在打开的快捷菜单中选择"旋转"命令，将编辑模式从"拉伸"切换到"旋转"，如图 5-66(c)所示。

（4）单击鼠标并按 Enter 键，即可使图形旋转。

有关拉伸、移动、旋转、比例和镜像的编辑功能以及利用夹点进行编辑的详细内容可以参见下面相应的章节。

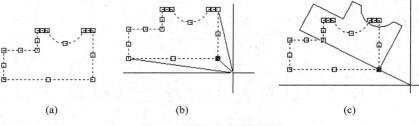

(a)   (b)   (c)

图 5-66　利用夹点编辑图形

5.8.3　上机练习——花瓣

练习目标

通过实例学习重点掌握"夹点"命令的使用方法。

设计思路

在夹点的旋转模式下进行花瓣的多重复制操作。

操作步骤

（1）单击"默认"选项卡"绘图"面板中的"椭圆"按钮 ◯ ，绘制一个椭圆形，如图 5-67（a）所示。

（2）选择刚刚绘制的椭圆。

（3）将椭圆最下端的夹点作为基点。

（4）右击，选择"旋转"命令。

（5）在命令行中输入"C"并按 Enter 键。

（6）将对象旋转到一个新位置并单击。该对象被复制，并围绕基点旋转，如图 5-67（b）所示。

（7）旋转并单击以便复制多个对象，按 Enter 键结束操作。结果如图 5-67（c）所示。

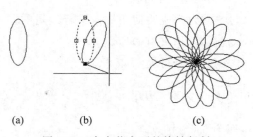

(a)   (b)   (c)

图 5-67　夹点状态下的旋转复制

第6章

绘制复杂二维图形

通过前面讲述的一些基本的二维绘图命令,可以完成一些简单二维图形的绘制。但是,有些二维图形的绘制,利用第 5 章学的这些命令很难完成。为此,AutoCAD 推出了一些高级二维绘图命令来方便有效地完成复杂二维图形的绘制。

学 习 要 点

◆ 多段线
◆ 样条曲线
◆ 多线
◆ 图案填充

6.1 多 段 线

多段线是由宽窄相同或不同的线段和圆弧组合而成的。图 6-1 所示为利用多段线绘制的图形。可以使用 PEDIT（多段线编辑）命令对多段线进行各种编辑。

图 6-1　用多段线绘制的图形

6.1.1　绘制多段线

1. 执行方式

命令行：PLINE（缩写：PL）。

菜单栏：选择菜单栏中的"绘图"→"多段线"命令。

工具栏：单击"绘图"工具栏中的"多段线"按钮 ⟋ 。

功能区：单击"默认"选项卡"绘图"面板中的"多段线"按钮 ⟋ 。

2. 操作格式

```
命令：PLINE↙
指定起点：(指定多段线的起点)
当前线宽为 0.0000
指定下一个点或[圆弧(A)/半宽(H)/长度(L)/放弃(U)/宽度(W)]:(指定多段线的下一点)
```

3. 选项说明

"多段线"命令各个选项含义如表 6-1 所示。

表 6-1　"多段线"命令各个选项含义

选　　项	含　　　　义
圆弧（A）	该选项使 PLINE 命令由绘制直线方式变为绘制圆弧方式,并给出绘制圆弧的提示。 指定圆弧的端点(按住 Ctrl 键以切换方向)或[角度(A)/圆心(CE)/闭合(CL)/方向(D)/半宽(H)/直线(L)/半径(R)/第二个点(S)/放弃(U)/宽度(W)]:
闭合（CL）	系统从当前点到多段线的起点以当前宽度画一条直线,构成封闭的多段线,并结束 PLINE 命令的执行
半宽（H）	该选项用来确定多段线的半宽度
长度（L）	用于确定多段线的长度
放弃（U）	可以删除多段线中刚画出的直线段(或圆弧段)
宽度（W）	确定多段线的宽度,操作方法与"半宽"选项类似

6.1.2 上机练习——八仙桌

 练习目标

绘制如图 6-2 所示的八仙桌,重点掌握"多段线"命令的使用方法。

 设计思路

利用"多段线"命令绘制图形。

 操作步骤

(1)单击"默认"选项卡"绘图"面板中的"矩形"按钮 □,绘制角点坐标为(225,0)和(275,830)的矩形。绘制结果如图 6-3 所示。

(2)绘制多段线。单击"默认"选项卡"绘图"面板中的"多段线"按钮 ,命令如下。

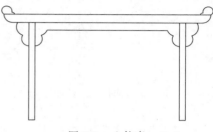

图 6-2 八仙桌

6-1

```
命令:PLINE↙
指定起点:871,765↙
当前线宽为 0.0000
指定下一个点或[圆弧(A)/半宽(H)/长度(L)/放弃(U)/宽度(W)]:374,765↙
指定下一个点或[圆弧(A)/闭合(C)/半宽(H)/长度(L)/放弃(U)/宽度(W)]:a↙
指定圆弧的端点(按住 Ctrl 键以切换方向)或[角度(A)/圆心(CE)/闭合(CL)/方向(D)/半宽(H)/
直线(L)/半径(R)/第二个点(S)/放弃(U)/宽度(W)]:s↙
指定圆弧上的第二个点:355.4,737.8↙
指定圆弧的端点:326.4,721.3↙
指定圆弧的端点(按住 Ctrl 键以切换方向)或[角度(A)/圆心(CE)/闭合(CL)/方向(D)/半宽(H)/
直线(L)/半径(R)/第二个点(S)/放弃(U)/宽度(W)]:s↙
指定圆弧上的第二个点:326.9,660.8↙
指定圆弧的端点:275,629↙
指定圆弧的端点(按住 Ctrl 键以切换方向)或[角度(A)/圆心(CE)/闭合(CL)/方向(D)/半宽(H)/
直线(L)/半径(R)/第二个点(S)/放弃(U)/宽度(W)]:↙
命令:_pline↙
指定起点:225,629.4↙
当前线宽为 0.0000
指定下一个点或[圆弧(A)/半宽(H)/长度(L)/放弃(U)/宽度(W)]:a↙
指定圆弧的端点(按住 Ctrl 键以切换方向)或[角度(A)/圆心(CE)/方向(D)/半宽(H)/直线(L)/
半径(R)/第二个点(S)/放弃(U)/宽度(W)]:s↙
指定圆弧上的第二个点:173.4,660.8↙
指定圆弧的端点:173.9,721.3↙
指定圆弧的端点(按住 Ctrl 键以切换方向)或[角度(A)/圆心(CE)/闭合(CL)/方向(D)/半宽(H)/
直线(L)/半径(R)/第二个点(S)/放弃(U)/宽度(W)]:s↙
指定圆弧上的第二个点:126,765.3↙
指定圆弧的端点:131.3,830↙
指定圆弧的端点(按住 Ctrl 键以切换方向)或[角度(A)/圆心(CE)/闭合(CL)/方向(D)/半宽(H)/
直线(L)/半径(R)/第二个点(S)/放弃(U)/宽度(W)]:↙
```

绘制结果如图 6-4 所示。

Note

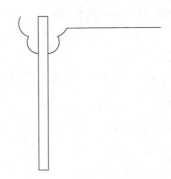

图 6-3　绘制矩形　　　　　　图 6-4　绘制多段线 1

继续绘制多段线，命令如下。

```
命令：_pline↙
指定起点：870,830↙
当前线宽为 0.0000
指定下一个点或[圆弧(A)/半宽(H)/长度(L)/放弃(U)/宽度(W)]：88,830↙
指定下一个点或[圆弧(A)/闭合(C)/半宽(H)/长度(L)/放弃(U)/宽度(W)]：a↙
指定圆弧的端点(按住 Ctrl 键以切换方向)或[角度(A)/圆心(CE)/闭合(CL)/方向(D)/半宽(H)/
直线(L)/半径(R)/第二个点(S)/放弃(U)/宽度(W)]：18,900↙
指定圆弧的端点或[角度(A)/圆心(CE)/闭合(CL)/方向(D)/半宽(H)/直线(L)/半径(R)/第二个
点(S)/放弃(U)/宽度(W)]：l↙
指定下一个点或[圆弧(A)/闭合(C)/半宽(H)/长度(L)/放弃(U)/宽度(W)]：870,900↙
指定下一个点或[圆弧(A)/闭合(C)/半宽(H)/长度(L)/放弃(U)/宽度(W)]：↙
```

绘制结果如图 6-5 所示。

```
命令：_pline↙
指定起点：18,900↙
当前线宽为 0.0000
指定下一个点或[圆弧(A)/半宽(H)/长度(L)/放弃(U)/宽度(W)]：a↙
指定圆弧的端点(按住 Ctrl 键以切换方向)或[角度(A)/圆心(CE)/方向(D)/半宽(H)/直线(L)/
半径(R)/第二个点(S)/放弃(U)/宽度(W)]：s↙
指定圆弧上的第二个点：1.3,941↙
指定圆弧的端点：36.8,968↙
指定圆弧的端点(按住 Ctrl 键以切换方向)或[角度(A)/圆心(CE)/闭合(CL)/方向(D)/半宽(H)/
直线(L)/半径(R)/第二个点(S)/放弃(U)/宽度(W)]：s
指定圆弧上的第二个点：72.6,954↙
指定圆弧的端点：83,916↙
指定圆弧的端点(按住 Ctrl 键以切换方向)或[角度(A)/圆心(CE)/闭合(CL)/方向(D)/半宽(H)/
直线(L)/半径(R)/第二个点(S)/放弃(U)/宽度(W)]：s
指定圆弧上的第二个点：97.8,912↙
指定圆弧的端点：106,900↙
指定圆弧的端点(按住 Ctrl 键以切换方向)或[角度(A)/圆心(CE)/闭合(CL)/方向(D)/半宽(H)/
直线(L)/半径(R)/第二个点(S)/放弃(U)/宽度(W)]：↙
```

绘制结果如图 6-6 所示。

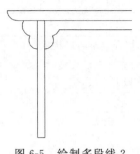

图 6-5　绘制多段线 2

图 6-6　绘制多段线 3

（3）单击"默认"选项卡"修改"面板中的"镜像"按钮 ，将绘制的图形镜像处理。结果如图 6-2 所示。

6.2　样条曲线

样条曲线常用于绘制不规则的轮廓，如窗帘的皱褶等。

6.2.1　绘制样条曲线

1．执行方式

命令行：SPLINE。

菜单栏：选择菜单栏中的"绘图"→"样条曲线"命令。

工具栏：单击"绘图"工具栏中的"样条曲线"按钮 。

功能区：单击"默认"选项卡"绘图"面板中的"样条曲线拟合"按钮 或"样条曲线控制点"按钮 （图6-7）。

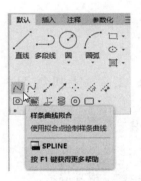

图 6-7　"绘图"面板

2．操作格式

命令：SPLINE↙
当前设置：方式＝拟合　节点＝弦
指定第一个点或[方式(M)/节点(K)/对象(O)]：(指定一点或选择"对象(O)"选项)
输入下一个点或[起点切向(T)/公差(L)]：
输入下一个点或[端点相切(T)/公差(L)/放弃(U)]：
输入下一个点或[端点相切(T)/公差(L)/放弃(U)/闭合(C)]：

3．选项说明

"样条曲线"命令各个选项含义如表 6-2 所示。

表6-2　"样条曲线"命令各个选项含义

选　　项	含　　义
方式(M)	控制是使用拟合点还是使用控制点来创建样条曲线。选项会因用户选择的是使用拟合点创建样条曲线的选项还是使用控制点创建样条曲线的选项而异

续表

选 项	含 义
节点(K)	指定节点参数化,它会影响曲线在通过拟合点时的形状
对象(O)	将二维或三维的二次或三次样条曲线的拟合多段线转换为等价的样条曲线,然后(根据 DelOBJ 系统变量的设置)删除该拟合多段线
起点切向(T)	基于切向创建样条曲线
公差(L)	指定距样条曲线必须经过的指定拟合点的距离。公差应用于除起点和端点外的所有拟合点
端点相切(T)	停止基于切向创建曲线。可通过指定拟合点继续创建样条曲线
变量控制	系统变量 Splframe 用于控制绘制样条曲线时是否显示样条曲线的线框。将该变量的值设置为 1 时,会显示出样条曲线的线框。图 6-8(a)中的样条曲线带有线框,图 6-8(b)表明了样条曲线的应用

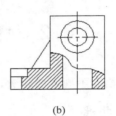

(a)   (b)

图 6-8　样条曲线

6.2.2　上机练习——落地灯

练习目标

绘制如图 6-9 所示的落地灯,重点掌握"样条曲线"命令的使用方法。

设计思路

绘制本图形运用到了"矩形"命令、"镜像"命令、"偏移"命令、"样条曲线"命令和"圆弧"等命令。

操作步骤

（1）单击"默认"选项卡"绘图"面板中的"矩形"按钮 ☐ ,绘制轮廓线。单击"默认"选项卡"修改"面板中的"镜像"按钮 ⚠ ,使轮廓线左右对称,如图 6-10 所示。

（2）单击"默认"选项卡"绘图"面板中的"圆弧"按钮 ⌒ 和"修改"面板中的"偏移"按钮 ⊏ ,绘制两条圆弧,端点分别捕捉到矩形的角点,其中绘制的下面的圆弧中间一点捕捉到中间矩形上边的中点,如图 6-11 所示。

（3）单击"默认"选项卡"绘图"面板中的"直线"按钮 ╱ 、"圆弧"按钮 ⌒ ,绘制灯柱上的结合点,如果如图 6-12 所示。

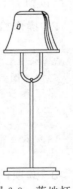

图 6-9　落地灯

图 6-10　绘制矩形

图 6-11　绘制圆弧

（4）单击"默认"选项卡"修改"面板中的"修剪"按钮，修剪多余图线。修剪结果如图 6-13 所示。

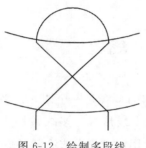

图 6-12　绘制多段线

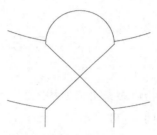

图 6-13　修剪图形

（5）单击"默认"选项卡"绘图"面板中的"样条曲线拟合"按钮，绘制灯罩外形。命令行操作如下。

```
命令：_spline
当前设置：方式 = 拟合　节点 = 弦
指定第一个点或[方式(M)/节点(K)/对象(O)]:(指定起点)
输入下一个点或[起点切向(T)/公差(L)]:(指定下一点)
输入下一个点或[端点相切(T)/公差(L)/放弃(U)]:(指定下一个点)
输入下一个点或[端点相切(T)/公差(L)/放弃(U)/闭合(C)]:(指定下一个点)
输入下一个点或[端点相切(T)/公差(L)/放弃(U)/闭合(C)]:↙
```

（6）单击"默认"选项卡"修改"面板中的"镜像"按钮，镜像灯罩轮廓线，如图 6-14 所示。

（7）单击"默认"选项卡"绘图"面板中的"直线"按钮，补齐灯罩轮廓线，直线端点捕捉对应样条曲线端点，如图 6-15 所示。

（8）单击"默认"选项卡"绘图"面板中的"圆弧"按钮，绘制灯罩顶端的突起，如图 6-16 所示。

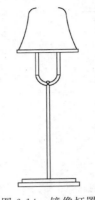

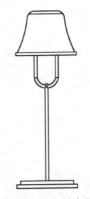

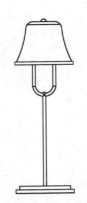

图 6-14　镜像灯罩　　　　图 6-15　绘制直线　　　　图 6-16　绘制圆弧

（9）单击"默认"选项卡"绘图"面板中的"样条曲线拟合"按钮 ，绘制灯罩上的装饰线。最终结果如图 6-9 所示。

6.3　多　　　线

多线是指由多条平行线构成的直线，连续绘制的多线是一个图元。多线内的直线线型可以相同，也可以不同。图 6-17 给出了几种多线形式。多线常用于建筑图的绘制。在绘制多线前应该对多线样式进行定义，然后用定义的样式绘制多线。

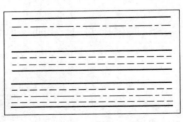

图 6-17　多线

6.3.1　定义多线样式

1．执行方式

命令行：MLSTYLE。

2．操作格式

命令：MLSTYLE↙

执行该命令后，打开如图 6-18 所示的"多线样式"对话框。在该对话框中，可以对多线样式进行定义、保存和加载等操作。

Note

图 6-18 "多线样式"对话框

6.3.2 上机练习——定义多线样式

6-3

 练习目标

定义如图 6-19 所示的多线样式,重点掌握设置多线样式的方法。

设计思路

设置多线样式,利用多线绘制图形。

操作步骤

(1)选择菜单栏中的"格式"→"多线样式"命令,打开"多线样式"对话框。

(2)在"多线样式"对话框中单击"新建"按钮,打开"创建新的多线样式"对话框,如图 6-20 所示。

图 6-19 绘制的多线

图 6-20 "创建新的多线样式"对话框

(3)在"创建新的多线样式"对话框的"新样式名"文本框中输入"THREE",单击"继续"按钮,系统打开"新建多线样式"对话框,如图 6-21 所示。

(4)在"封口"选项组中可以设置多线起点和端点的特性,包括以直线、外弧还是内弧封口,以及封口线段或圆弧的角度。

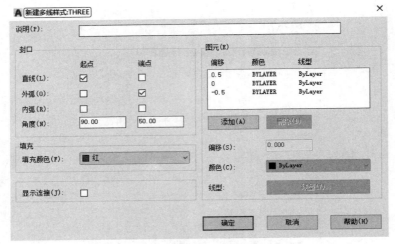

图 6-21 "新建多线样式：THREE"对话框

（5）在"填充颜色"下拉列表中可以选择多线填充的颜色。

（6）在"图元"选项组中可以设置组成多线的元素的特性。单击"添加"按钮，可以为多线添加元素；反之，单击"删除"按钮，可以为多线删除元素。在"偏移"文本框中可以设置选中的元素的位置偏移值。在"颜色"下拉列表中可以为选中元素选择颜色。单击"线型"按钮，可以为选中元素设置线型。

（7）设置完毕后，单击"确定"按钮，系统返回"多线样式"对话框。在"样式"列表框中会显示刚才设置的多线样式名，选择该样式，单击"置为当前"按钮，则将此多线样式设置为当前样式。下面的预览框中会显示出当前多线样式。

（8）单击"确定"按钮，完成多线样式设置。图 6-19 所示即为按图 6-21 设置的多线样式绘制的效果。

6.3.3 绘制多线

1．执行方式

命令行：MLINE。

菜单栏：选择菜单栏中的"绘图"→"多线"命令。

2．操作格式

```
命令：MLINE↙
当前设置：对正 = 上，比例 = 20.00，样式 = STANDARD
指定起点或[对正(J)/比例(S)/样式(ST)]：（指定起点）
指定下一点：（给定下一点）
指定下一点或[放弃(U)]：（继续给定下一点绘制线段。输入 U，则放弃前一段的绘制；右击或按
Enter 键，结束命令）
```

3．选项说明

"绘制多线"命令各个选项含义如表 6-3 所示。

表 6-3　"绘制多线"命令各个选项含义

选　　项	含　　义
指定起点	执行该选项后(即输入多线的起点),系统会以当前的线型样式、比例和对正方式绘制多线。默认状态下,多线的形式是距离为 1 的平行线
对正(J)	用来确定绘制多线的基准(上、无、下)
比例(S)	用来确定所绘制的多线相对于定义的多线的比例系数,默认为 1.00
样式(ST)	用来确定绘制多线时所使用的多线样式,默认样式为 STANDARD。执行该选项后,根据系统提示,输入定义过的多线样式名称,或输入"?"显示已有的多线样式

6.3.4　编辑多线

1．执行方式

命令行：MLEDIT。

菜单栏：选择菜单栏中的"修改"→"对象"→"多线"命令。

2．操作格式

执行上述操作之一后,打开"多线编辑工具"对话框,如图 6-22 所示。

图 6-22　"多线编辑工具"对话框

利用"多线编辑工具"对话框可以创建或修改多线的模式。对话框中分四列显示了示例图形。其中,第一列管理十字交叉形式的多线,第二列管理 T 形多线,第三列管理拐角接合点和节点,第四列管理多线被剪切或连接的形式。

双击某个示例图形,就可以调用该项编辑功能。

下面以"十字打开"为例介绍多线编辑方法:把选择的两条多线进行打开交叉。选择该选项后,出现如下提示。

```
选择第一条多线:(选择第一条多线)
选择第二条多线:(选择第二条多线)
```

选择完毕后,第二条多线被第一条多线横断交叉。系统继续提示,具体如下。

选择第一条多线或[放弃(U)]:

可以继续选择多线进行操作(选择"放弃(U)"功能会撤销前次操作)。操作过程和执行结果如图 6-23 所示。

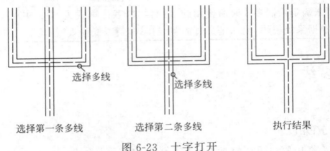

图 6-23 十字打开

6.3.5 上机练习——平面墙线

练习目标

绘制如图 6-24 所示的平面墙线,本实例外墙厚 200mm,内墙厚 100mm,重点掌握"多线"命令的使用方法。

图 6-24 平面墙线

设计思路

首先绘制辅助线,然后设置多线,再利用多线绘制墙线。

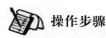 **操作步骤**

1. 图层设置

为了方便图线管理,建立"轴线"和"墙线"两个图层。单击"默认"选项卡"图层"面板中的"图层特性"按钮,打开"图层特性管理器"选项板。建立一个新图层,命名为"轴线",颜色选取红色,线型为"CENTER",线宽为"默认",并设置为当前图层(图 6-25)。

| ✓ | 轴线 | ♀ | ☀ | 🔓 | ■红 | CENTER | —— 默认 | 🖨 |

图 6-25　轴线图层参数

用同样的方法建立"墙线"图层,参数如图 6-26 所示。确定后回到绘图状态。

| ✎ | 墙线 | ♀ | ☀ | 🔓 | ■白 | Continuous | —— 默认 | 🖨 |

图 6-26　墙线图层参数

2. 绘制定位轴线

在"轴线"图层为当前图层状态下绘制定位轴线。

(1) 水平轴线:单击"默认"选项卡"绘图"面板中的"直线"按钮 ╱,在绘图区左下角适当位置选取直线的初始点,然后输入第二点的相对坐标"@8700,0",按 Enter 键后画出第一条 8700 长的轴线,如图 6-27 所示。

命令行提示如下。

```
命令: _line
指定第一个点:(用鼠标在屏幕上取点)
指定下一个点或[放弃(U)]:@8700,0↙
指定下一个点或[放弃(U)]:↙
```

🔒**提示**:利用鼠标的滚轮进行实时缩放。此外,可以采取命令行输入命令的方式绘图,熟练后速度会比较快。最好养成左手操作键盘,右手操作鼠标的习惯,这样对以后的大量作图有利。

单击"默认"选项卡"修改"面板中的"偏移"按钮 ⊑,向上复制其他 3 条水平轴线,偏移量依次为 3600、600、1800。结果如图 6-28 所示。命令行操作如下。

图 6-27　第一条水平轴线 　　　　图 6-28　全部水平轴线

```
命令：_offset↙
当前设置：删除源=否  图层=源  OFFSETGAPTYPE=0
指定偏移距离或[通过(T)/删除(E)/图层(L)]<通过>：3600↙
选择要偏移的对象，或[退出(E)/放弃(U)]<退出>：(用鼠标点取第一条直线)
指定要偏移的那一侧上的点，或[退出(E)/多个(M)/放弃(U)]<退出>：(在直线上方任意点取一点)
选择要偏移的对象，或[退出(E)/放弃(U)]<退出>：↙
命令：OFFSET↙  (重复偏移命令)
当前设置：删除源=否  图层=源  OFFSETGAPTYPE=0
指定偏移距离或[通过(T)/删除(E)/图层(L)]<3600>：600↙
选择要偏移的对象，或[退出(E)/放弃(U)]<退出>：(用鼠标点取第二条直线)
指定要偏移的那一侧上的点，或[退出(E)/多个(M)/放弃(U)]<退出>：(在直线上方任意点取一点)
选择要偏移的对象，或[退出(E)/放弃(U)]<退出>：↙
命令：OFFSET↙  (重复偏移命令)
当前设置：删除源=否  图层=源  OFFSETGAPTYPE=0
指定偏移距离或[通过(T)/删除(E)/图层(L)]<600>：1800↙
选择要偏移的对象，或[退出(E)/放弃(U)]<退出>：(用鼠标点取第三条直线)
指定要偏移的那一侧上的点，或[退出(E)/多个(M)/放弃(U)]<退出>：(在直线上方任意点取一点)
选择要偏移的对象，或[退出(E)/放弃(U)]<退出>：↙
```

（2）竖向轴线：单击"默认"选项卡"绘图"面板中的"直线"按钮 ╱ ，用鼠标捕捉第一条水平轴线左端点作为第一条竖向轴线的起点（图6-29），移动鼠标单击最后一条水平轴线左端点作为终点（图6-30），然后按Enter键完成。

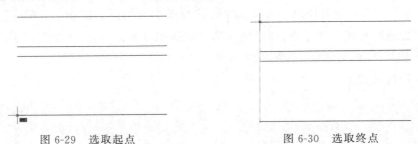

图 6-29　选取起点　　　　　　　　　　　图 6-30　选取终点

同样运用"偏移"命令，向右复制其他3条竖向轴线，偏移量依次为3600、3300、1800。这样，就完成整个轴线的绘制。结果如图6-31所示。

3．绘制墙线

（1）将"墙线"图层设置为当前图层，如图6-32所示。

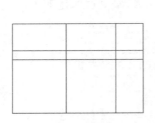

图 6-31　完成轴线

图 6-32　将"墙线"置为当前层

（2）设置"多线"的参数。选择菜单栏"绘图"→"多线"命令，然后按命令行提示进行操作。

```
命令：_mline↙
当前设置：对正 = 上，比例 = 20.00，样式 = STANDARD （初始参数）
指定起点或[对正(J)/比例(S)/样式(ST)]：j↙（选择对正设置）
输入对正类型[上(T)/无(Z)/下(B)]<上>：z↙（选择两线之间的中点作为控制点）
当前设置：对正 = 无，比例 = 20.00，样式 = STANDARD
指定起点或[对正(J)/比例(S)/样式(ST)]：s↙（选择比例设置）
输入多线比例<20.00>：200↙ （输入墙厚）
当前设置：对正 = 无，比例 = 200.00，样式 = STANDARD
指定起点或[对正(J)/比例(S)/样式(ST)]：↙ （按 Enter 键完成设置）
```

（3）重复"多线"命令，当命令行提示"指定起点或[对正(J)/比例(S)/样式(ST)]："时，用鼠标选取左下角轴线交点为多线起点，参照图 6-23 画出周边墙线（图 6-33）。

（4）重复"多线"命令，仿照前面"多线"参数设置方法将墙体的厚度定义为 100，也就是将多线的比例设为 100。然后绘出剩下墙线，结果如图 6-34 所示。

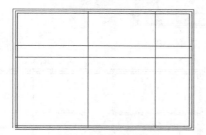

图 6-33　200 厚周边墙线

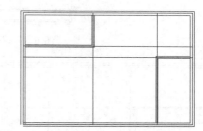

图 6-34　100 厚内部墙线

（5）单击"默认"选项卡"修改"面板中的"分解"按钮 ，先将周边墙线分解开，接着综合应用"倒角"按钮 、"修剪"按钮 将每个节点进行处理，使其内部连通，搭接正确。

（6）参照图 6-24 所示的门洞位置尺寸绘制出门洞边界线。

操作方法是：由轴线"偏移"出门洞边界线（图 6-35）；然后将这些线条全部选中，置换到"墙线"图层中（图 6-36），按 Esc 键退出；最后用"修剪"命令将多余的线条修剪掉，结果如图 6-37 所示。

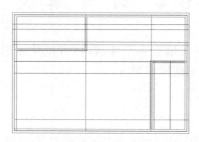

图 6-35　由轴线"偏移"出门洞边界线

采用同样的方法，在左侧墙线上绘制出窗洞。这样，整个墙线就绘制结束了，如图 6-38 所示。

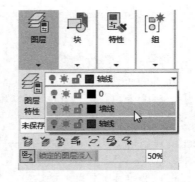

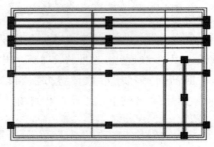

图 6-36　置换到"墙线"图层中

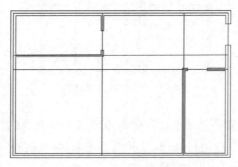

图 6-37　完成门洞

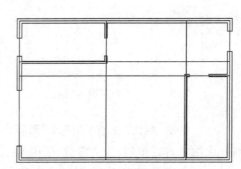

图 6-38　完成墙线

6.4　图案填充

当需要用一个重复的图案填充一个区域时,可以使用 BHATCH 命令建立一个相关联的填充阴影对象,即所谓的图案填充。

6.4.1　基本概念

1. 图案边界

当进行图案填充时,首先要确定填充图案的边界。定义边界的对象只能是直线、双向射线、单向射线、多义线、样条曲线、圆弧、圆、椭圆、椭圆弧、面域等对象或用这些对象定义的块,而且作为边界的对象在当前屏幕上必须全部可见。

2．孤岛

在进行图案填充时，把位于总填充域内的封闭区域称为孤岛，如图 6-39 所示。在用 BHATCH 命令填充时，AutoCAD 允许以拾取点的方式确定填充边界，即在希望填充的区域内任意点取一点，AutoCAD 会自动确定出填充边界，同时也确定该边界内的岛。如果用户是以点取对象的方式确定填充边界的，则必须确切地点取这些岛。有关知识将在下一节中介绍。

3．填充方式

在进行图案填充时，需要控制填充的范围，AutoCAD 系统设置了以下三种填充方式实现对填充范围的控制。

（1）普通方式：如图 6-40(a)所示，该方式从边界开始，由每条填充线或每个填充符号的两端向里画，遇到内部对象与之相交时，填充线或符号断开，直到遇到下一次相交时再继续画。采用这种方式时，要避免剖面线或符号与内部对象的相交次数为奇数。该方式为系统内部的默认方式。

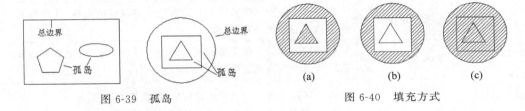

图 6-39 孤岛　　　　　　　　　　　　图 6-40 填充方式

（2）最外层方式：如图 6-40(b)所示，该方式从边界向里画剖面符号，只要在边界内部与对象相交，剖面符号由此断开，而不再继续画。

（3）忽略方式：如图 6-40(c)所示，该方式忽略边界内的对象，所有内部结构都被剖面符号覆盖。

6.4.2　图案填充的操作

1．执行方式

命令行：BHATCH。

菜单栏：选择菜单栏中的"绘图"→"图案填充"命令。

工具栏：单击"绘图"工具栏中的"图案填充"按钮▨或"渐变色"按钮▨。

功能区：单击"默认"选项卡"绘图"面板中的"图案填充"按钮▨。

2．操作格式

执行上述操作之一后，系统打开如图 6-41 所示的"图案填充创建"选项卡。

3．选项说明

"图案填充创建"选项卡各个选项含义如表 6-4 所示。

图 6-41 "图案填充创建"选项卡

表 6-4 "图案填充创建"选项卡各个选项含义

选 项		含 义
"边界"面板	拾取点	通过选择由一个或多个对象形成的封闭区域内的点,确定图案填充边界(图 6-42)。指定内部点时,可以随时在绘图区域中右击以显示包含多个选项的快捷菜单
	选择边界对象	指定基于选定对象的图案填充边界。使用该选项时,不会自动检测内部对象,必须选择选定边界内的对象,以按照当前孤岛检测样式填充这些对象(图 6-43)
	删除边界对象	从边界定义中删除之前添加的任何对象,如图 6-44 所示
	重新创建边界	围绕选定的图案填充或填充对象创建多段线或面域,并使其与图案填充对象相关联(可选)
	显示边界对象	选择构成选定关联图案填充对象的边界的对象,使用显示的夹点可修改图案填充边界
	保留边界对象	指定如何处理图案填充边界对象,包括如下选项。 ➢ 不保留边界:不创建独立的图案填充边界对象。 ➢ 保留边界-多段线:创建封闭图案填充对象的多段线。 ➢ 保留边界-面域:创建封闭图案填充对象的面域对象。 ➢ 选择新边界集:指定对象的有限集(称为边界集),以便通过创建图案填充时的拾取点进行计算
"图案"面板		显示所有预定义和自定义图案的预览图像
"特性"面板	图案填充类型	指定是使用纯色、渐变色、图案还是用户定义的填充
	图案填充颜色	替代实体填充和填充图案的当前颜色
	背景色	指定填充图案背景的颜色
	图案填充透明度	设定新图案填充或填充的透明度,替代当前对象的透明度
	图案填充角度	指定图案填充或填充的角度
	图案填充比例	放大或缩小预定义或自定义填充图案
	相对图纸空间	(仅在布局中可用)相对于图纸空间单位缩放填充图案。使用此选项,可很容易地做到以适合于布局的比例显示填充图案
	双向	(仅当"图案填充类型"设定为"用户定义"时可用)将绘制第二组直线,与原始直线成 90°,从而构成交叉线
	ISO 笔宽	(仅对于预定义的 ISO 图案可用)基于选定的笔宽缩放 ISO 图案

续表

选 项		含 义
"原点"面板	设定原点	直接指定新的图案填充原点
	左下	将图案填充原点设定在图案填充边界矩形范围的左下角
	右下	将图案填充原点设定在图案填充边界矩形范围的右下角
	左上	将图案填充原点设定在图案填充边界矩形范围的左上角
	右上	将图案填充原点设定在图案填充边界矩形范围的右上角
	中心	将图案填充原点设定在图案填充边界矩形范围的中心
	使用当前原点	将图案填充原点设定在 HPORIGIN 系统变量中存储的默认位置
	存储为默认原点	将新图案填充原点的值存储在 HPORIGIN 系统变量中
"选项"面板	关联	指定图案填充或填充为关联图案填充。关联的图案填充或填充在用户修改其边界对象时将会更新
	注释性	指定图案填充为注释性。此特性会自动完成缩放注释过程,从而使注释能够以正确的大小在图纸上打印或显示
	特性匹配	➤ 使用当前原点:使用选定图案填充对象(除图案填充原点外)设定图案填充的特性。 ➤ 使用源图案填充的原点:使用选定图案填充对象(包括图案填充原点)设定图案填充的特性
	允许的间隙	➤ 设定将对象用作图案填充边界时可以忽略的最大间隙。默认值为 0,此值指定对象必须封闭区域而没有间隙

选择一点　　　　　　填充区域　　　　　　填充结果

图 6-42　边界确定

原始图形　　　　　　选取边界对象　　　　　填充结果

图 6-43　选择边界对象

 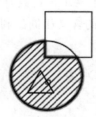

选取边界对象　　　　　删除边界　　　　　　填充结果

图 6-44　删除"岛"后的边界

6.4.3 编辑填充的图案

利用 HATCHEDIT 命令可以编辑已经填充的图案。

1. 执行方式

命令行：HATCHEDIT。

菜单栏：选择菜单栏中的"修改"→"对象"→"图案填充"命令。

工具栏：单击"修改Ⅱ"工具栏中的"编辑图案填充"按钮 。

功能区：单击"默认"选项卡"修改"面板中的"编辑图案填充"按钮 。

2. 操作格式

执行上述操作之一后，AutoCAD 会给出下面的提示。

选择关联填充对象：

选取关联填充物体后，系统打开如图 6-45 所示的"图案填充编辑"对话框。

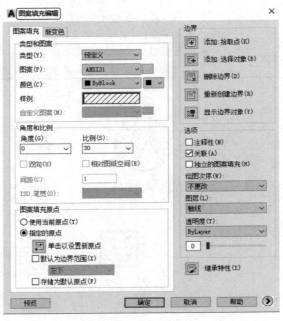

图 6-45 "图案填充编辑器"对话框

在图 6-45 中，只有正常显示的选项才可以对其进行操作。该对话框中各项的含义与"图案填充创建"选项卡中各项的含义相同。利用该对话框，可以对已弹出的图案进行一系列的编辑修改。

6.4.4 上机练习——组合沙发

练习目标

绘制如图 6-46 所示的组合沙发，重点掌握"图案填充"命令的使用方法。

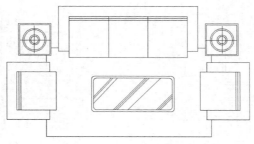

图 6-46 组合沙发

Note

设计思路

利用之前学习到的二维绘图命令的知识首先绘制出图形轮廓,然后利用"图案填充"命令为图形填充图案。

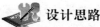
操作步骤

(1)绘制沙发坐垫。如图 6-47 所示,首先绘制并排的 3 个矩形,大小均为 600×640;然后,以 A、B 为端点绘制一条直线,并由这条直线向下依次偏移 30、30,复制出另外两条直线,绘好沙发坐垫。

(2)绘制沙发。如图 6-48 所示,首先在沙发坐垫下部画一条辅助线;然后再单击"默认"选项卡"绘图"面板中的"多段线"按钮 ,捕捉 C、D、E、F 四点绘制出一条多段线作为沙发靠背内边缘,然后向外偏移 160,复制出外边缘;最后将扶手端部的多余线条修剪掉。

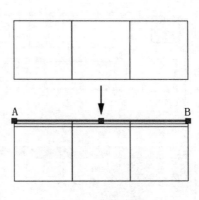

图 6-47 分解步骤一

采用同样的方法,绘出两侧的单座沙发,如图 6-48 所示布置好。

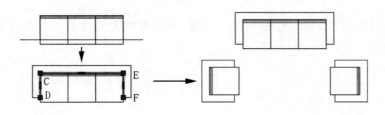

图 6-48 分解步骤二

(3)绘制小茶几台面。如图 6-49 所示,在沙发左上角绘制一个 500×500 的矩形,向内偏移 20,复制出另一个矩形,即绘好小茶几。

(4)绘制台灯。如图 6-50 所示,确定矩形的中心线,捕捉中点绘制出 4 个圆,表示茶几上面的台灯。最后,用"镜像"命令将小茶几和台灯复制到另一端。

Note

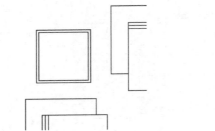

图 6-49 分解步骤三

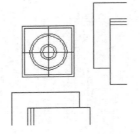

图 6-50 分解步骤四

（5）绘制大茶几。如图 6-51 所示，先绘制出 1260×560 的矩形作为大茶几，向内偏移 30 复制出另一矩形，再对四角作圆角处理。然后，单击"默认"选项卡"绘图"面板中的"图案填充"按钮，打开"图案填充创建"选项卡，如图 6-52 所示；选择 AR-RROF 图案，设置填充的角度为 45°，比例设置为 10，单击"拾取点"按钮，确定填充区域，最后确定完成。

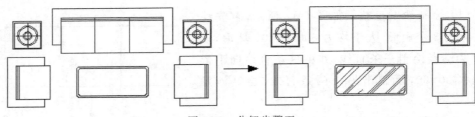

图 6-51 分解步骤五

图 6-52 "图案填充创建"选项卡

（6）绘制地毯。绘制一个矩形作为地毯，再将被沙发盖住的部分修剪掉。结果如图 6-46 所示。

第 7 章

文字与表格

本 章 导 读

　　文字注释是图形中很重要的一部分内容,进行各种设计时,通常不仅要绘出图形,还要在图形中标注一些文字,如技术要求、注释说明等,对图形对象加以解释。AutoCAD 提供了多种写入文字的方法,本章将介绍文本的注释和编辑功能。图表在 AutoCAD 图形中也有大量的应用,如明细表、参数表和标题栏等,对此本章也有相关介绍。

学 习 要 点

- ◆ 文字样式
- ◆ 文本的标注
- ◆ 文本的编辑
- ◆ 表格

7.1 文字样式

所有 AutoCAD 图形中的文字都有和其相对应的文字样式。文字样式是用来控制文字基本形状的一组设置。当输入文字对象时，AutoCAD 使用当前设置的文字样式。

1. 执行方式

命令行：style 或 ddstyle。

菜单栏：选择菜单栏中的"格式"→"文字样式"命令。

工具栏：单击"文字"工具栏中的"文字样式"按钮 **A**。

功能区：单击"默认"选项卡"注释"面板中的"文字样式"按钮 **A**（图 7-1），或选择 ❶"注释"选项卡"文字"面板中的 ❷"文字样式"下拉菜单中的 ❸"管理文字样式"命令（图 7-2），或单击"注释"选项卡"文字"面板中的"对话框启动器"按钮 ⬎。

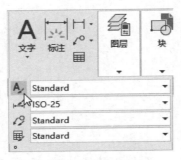

图 7-1 "注释"面板

图 7-2 "文字"面板

执行上述命令后，系统打开"文字样式"对话框，如图 7-3 所示。通过这个对话框可方便直观地定制需要的文字样式，或对已有样式进行修改。

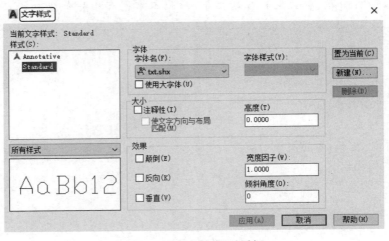

图 7-3 "文字样式"对话框

2．选项说明

"文字样式"对话框各个选项含义如表 7-1 所示。

表 7-1 "文字样式"对话框各个选项含义

选 项	含 义
"样式"选项组	用于命名新样式或对已有样式名进行相关操作。单击"新建"按钮，AutoCAD 打开如图 7-4 所示的"新建文字样式"对话框。在"新建文字样式"对话框中可以为新建的样式输入名字
"字体"选项组	用来确定文本样式使用的字体文件、字体风格及字高等。如果在"高度"文本框中输入一个数值，则作为创建文字时的固定字高，在用 text 命令输入文字时，AutoCAD 不再提示输入字高参数。如果在此文本框中设置字高为 0，AutoCAD 则会在每一次创建文字时提示输入字高。在 AutoCAD 中，除它固有的 SHX 形状字体文件外，还可以使用 TrueType 字（如宋体、楷体等）
"大小"选项组	"注释性"复选框 指定文字为注释性文字

"大小"选项组	"注释性"复选框	指定文字为注释性文字
	"使文字方向与布局匹配"复选框	指定图纸空间视口中的文字方向与布局方向匹配。如果取消选中"注释性"复选框，则此选项不可用
	"高度"文本框	设置文字高度。如果输入 0.0，则每次用该样式输入文字时，文字默认高度值为 0.2。输入大于 0.0 的高度则可为该样式设置固定的文字高度。在相同的高度设置下，TrueType 字体显示的高度要小于 SHX 字体。如果选中"注释性"复选框，则将设置要在图纸空间中显示的文字的高度
"效果"选项组	"颠倒"复选框	选中此复选框，表示将文本文字倒置标注
	"反向"复选框	确定是否将文本文字反向标注
	"垂直"复选框	确定文本是水平标注还是垂直标注。选中此复选框时为垂直标注，否则为水平标注 🔒 提示：本复选框只有在 SHX 字体下才可用
	"宽度因子"文本框	设置宽度系数，确定文本字符的宽、高比。当比例系数为 1 时表示将按字体文件中定义的宽、高比标注文字；当此系数小于 1 时文字会变窄，大于 1 时会变宽
	"倾斜角度"文本框	用于确定文字的倾斜角度。角度为 0 时不倾斜，为正时向右倾斜，为负时向左倾斜
"置为当前"按钮	将设置的文字样式置为当前应用的文字样式	
"应用"按钮	确认对文本样式的设置。当建立新的样式或者对现有样式的某些特征进行修改后都需要单击此按钮，以便 AutoCAD 确认所做的改动	

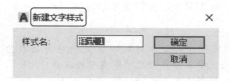

图 7-4 "新建文字样式"对话框

7.2 文本的标注

在制图过程中,文字传递了很多设计信息,它可能是一个很长、很复杂的说明,也可能是一个简短的文字信息。当需要标注的文本不太长时,可以利用 text 命令创建单行文本;当需要标注很长、很复杂的文字信息时,可以用 mtext 命令创建多行文本。

7.2.1 单行文本的标注

1. 执行方式

命令行:text。

菜单栏:选择菜单栏中的"绘图"→"文字"→"单行文字"命令。

工具栏:单击"文字"工具栏中的"单行文字"按钮 **A** 。

功能区:单击"默认"选项卡"注释"面板中的"单行文字"按钮 **A** ,或单击"注释"选项卡"文字"面板中的"单行文字"按钮 **A** 。

2. 操作格式

> 命令:text↙

选择相应的菜单项或在命令行中输入 text 命令后按 Enter 键,AutoCAD 提示如下。

> 当前文字样式: Standard 当前文字高度: 0.2000
> 指定文字的起点或[对正(J)/样式(S)]:

3. 选项说明

"单行文本的标注"命令各个选项含义如表 7-2 所示。

表 7-2 "单行文本的标注"命令各个选项含义

选　　项	含　　义
指定文字的起点	在此提示下直接在作图屏幕上选取一点作为文本的起始点,AutoCAD 提示如下:
	指定高度<0.2000>:(确定字符的高度) 指定文字的旋转角度<0>:(确定文本行的倾斜角度) 输入文字:(输入文本)
	在此提示下输入一行文本后按 Enter 键,AutoCAD 继续显示"输入文字:"提示,待全部输入完后在此提示下直接按 Enter 键,则退出 text 命令。可见,由 text 命令也可创建多行文本,只是这种多行文本的每一行就是一个对象,不能对多行文本同时进行操作。
	🔒 提示:只有当前文本样式中设置的字符高度为 0 时,在使用 text 命令时 AutoCAD 才出现要求用户确定字符高度的提示。 　　AutoCAD 允许将文本行倾斜排列,具体方法是在"指定文字的旋转角度<0>:"提示下输入文本行的倾斜角度或在屏幕上拉出一条直线来指定倾斜角度

选　　项	含　　义
对正(J)	在上面的提示下输入 J,用来确定文本的对齐方式。对齐方式决定文本的哪一部分与所选的插入点对齐。执行此选项,AutoCAD 提示如下: 输入选项[对齐(A)/调整(F)/中心(C)/中间(M)/右®/左上(TL)/中上(TC)/右上(TR)/左中(ML)/正中(MC)/右中(MR)/左下(BL)/中下(BC)/右下(BR)]: 在此提示下选择一个选项作为文本的对齐方式。当文本串水平排列时,AutoCAD 为标注文本串定义了如图 7-5 所示的底线、基线、中线和顶线;各种对齐方式如图 7-6 所示,图中大写字母对应上述提示中各命令。下面以"对齐"为例进行简要说明。 　　选择"对齐(A)"选项,要求用户指定文本行基线的起始点与终止点的位置,AutoCAD 提示如下: 指定文字基线的第一个端点: (指定文本行基线的起点位置) 指定文字基线的第二个端点: (指定文本行基线的终点位置) 输入文字:(输入一行文本后按 Enter 键) 输入文字:(继续输入文本或直接按 Enter 键结束命令) 　　结果所输入的文本字符均匀地分布于指定的两点之间,如果两点间的连线不水平,则文本行倾斜放置,倾斜角度由两点间的连线与 X 轴的夹角确定;字高、字宽根据两点间的距离、字符的多少以及文本样式中设置的宽度系数自动确定。指定了两点之后,每行输入的字符越多,字宽和字高越小。 　　其他选项与"对齐"选项类似,此处不再赘述。 　　实际绘图时,有时需要标注一些特殊字符,例如直径符号、上划线或下划线、温度符号等,由于这些符号不能直接从键盘上输入,AutoCAD 提供了一些控制码,用来实现这些要求。控制码用两个百分号(％％)加一个字符构成。常用的控制码如表 7-3 所示。 　　其中,"％％O"和"％％U"分别是上划线和下划线的开关,第一次出现此符号开始画上划线和下划线,第二次出现此符号上划线和下划线终止。例如在"Text:"提示后输入"I want to ％％U go to Beijing％％U."则得到如图 7-7 中第一行所示的文本行;输入"50％％D+％％C75％％P12",则得到如图 7-7 中第二行所示的文本行。 　　用 text 命令可以创建一个或若干个单行文本,也就是说用此命令可以标注多行文本。在"输入文本:"提示下输入一行文本后按 Enter 键,AutoCAD 继续提示"输入文本:",可输入第二行文本,依次类推,直到文本全部输完,再在此提示下直接按 Enter 键,结束文本输入命令。每一次按 Enter 键就结束一个单行文本的输入,每一个单行文本是一个对象,可以单独修改其文本样式、字高、旋转角度和对齐方式等。 　　用 text 命令创建文本时,在命令行输入的文字同时显示在屏幕上,而且在创建过程中可以随时改变文本的位置,只要将光标移到新的位置,然后单击,则当前行结束,随后输入的文本在新的位置出现。用这种方法可以把多行文本标注到屏幕的任何地方

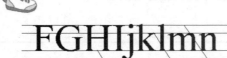

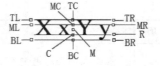

图 7-5　文本行的底线、基线、中线和顶线　　　图 7-6　文本的对齐方式

表 7-3　AutoCAD 常用控制码

符　　号	功　　能	符　　号	功　　能
%%O	上划线	\u+0278	电相位
%%U	下划线	\u+E101	流线
%%D	"度"符号	\u+2261	标识
%%P	正负符号	\u+E102	界碑线
%%C	直径符号	\u+2260	不相等
%%%	百分号	\u+2126	欧姆
\u+2248	几乎相等	\u+03A9	欧米伽
\u+2220	角度	\u+214A	地界线
\u+E100	边界线	\u+2082	下标 2
\u+2104	中心线	\u+00B2	平方
\u+0394	差值		

I want to go to Beijing.

50°+⌀75±12

图 7-7　文本行

7.2.2　多行文本的标注

1. 执行方式

命令行：mtext。

菜单栏：选择菜单栏中的"绘图"→"文字"→"多行文字"命令。

工具栏：单击"绘图"工具栏中的"多行文字"按钮 **A** 或单击"文字"工具栏中的"多行文字"按钮 **A**。

功能区：单击"默认"选项卡"注释"面板中的"多行文字"按钮 **A**，或单击"注释"选项卡"文字"面板中的"多行文字"按钮 **A**。

2. 操作格式

命令:mtext↙
当前文字样式：Standard　当前文字高度:1.9122
指定第一个角点：(指定矩形框的第一个角点)
指定对角点或[高度(H)/对正(J)/行距(L)/旋转(R)/样式(S)/宽度(W)/栏(C)]:

3. 选项说明

"多行文本的标注"命令各个选项含义如表 7-4 所示。

表 7-4 "多行文本的标注"命令各个选项含义

选 项	含 义
指定对角点	直接在屏幕上选取一个点作为矩形框的第二个角点,AutoCAD 以这两个点为对角点形成一个矩形区域,其宽度作为将来要标注的多行文本的宽度,而且第一个点作为第一行文本顶线的起点。响应后 AutoCAD 打开如图 7-8 所示的"文字编辑器"选项卡和"多行文字编辑器",可利用此编辑器输入多行文本并对其格式进行设置。关于该对话框中各项的含义及编辑器功能,稍后再详细介绍
高度(H)	指定多行文本的高度。可在屏幕上选取一点与前面确定的第一个角点组成的矩形框的宽作为多行文本的高度。也可以输入一个数值,精确设置多行文本的高度
对正(J)	确定所标注文本的对齐方式。执行此选项后,AutoCAD 提示如下: 输入对正方式[左上(TL)/中上(TC)/右上(TR)/左中(ML)/正中(MC)/右中(MR)/左下(BL)/中下(BC)/右下(BR)]<左上(TL)>: 这些对齐方式与 text 命令中的各对齐方式相同,此处不再重复。选取一种对齐方式后按 Enter 键,AutoCAD 回到上一级提示
行距(L)	确定多行文本的行间距,这里所说的行间距是指相邻两文本行的基线之间的垂直距离。执行此选项后,AutoCAD 提示如下: 输入行距类型[至少(A)/精确(E)]<至少(A)>: 在此提示下有两种方式确定行间距:"至少"方式和"精确"方式。在"至少"方式下,AutoCAD 根据每行文本中最大的字符自动调整行间距;在"精确"方式下,AutoCAD 给多行文本赋予一个固定的行间距。可以直接输入一个确切的间距值,也可以输入"nx"的形式,其中,n 是一个具体数,表示行间距设置为单行文本高度的 n 倍,而单行文本高度是本行文本字符高度的 1.66 倍
旋转(R)	确定文本行的倾斜角度。执行此选项后,AutoCAD 提示如下: 指定旋转角度<0>:(输入倾斜角度) 指定对角点或[高度(H)/对正(J)/行距(L)/旋转(R)/样式(S)/宽度(W)/栏(C)]:
样式(S)	确定当前的文本样式
宽度(W)	指定多行文本的宽度。可在屏幕上选取一点,与前面确定的第一个角点组成矩形,将此矩形的宽作为多行文本的宽度。也可以输入一个数值,精确设置多行文本的宽度。 在创建多行文本时,只要给定了文本行的起始点和宽度后,AutoCAD 就会打开如图 7-8 所示的"文字编辑器"选项卡和"多行文字编辑器",该编辑器包含一个"文字格式"对话框和一个右键快捷菜单。可以在编辑器中输入和编辑多行文本,包括设置字高、文本样式以及倾斜角度等

Note

选　项	含　义	
栏(C)		根据栏宽、栏间距宽度和栏高组成矩形框,打开如图7-8所示的"文字编辑器"选项卡和"多行文字编辑器"
	"文字编辑器"选项卡	用来控制本文文字的显示特性。可以在输入本文文字前设置文本的特性,也可以改变已输入的本文文字特性。要改变已有本文文字显示特性,首先应选择要修改的文本。选择文本的方式有以下3种。 ➢ 将光标定位到本文文字开始处,按住鼠标左键,拖到文本末尾。 ➢ 双击某个文字,则该文字被选中。 ➢ 3次单击,则选中全部内容。 下面介绍选项卡中部分选项的功能。 ➢ "高度"下拉列表:确定本文的字符高度,可在文本编辑框中直接输入新的字符高度,也可从下拉列表中选择已设定过的高度。 ➢ "**B**"和"*I*"按钮:设置加粗或斜体效果,只对TrueType字体有效。 ➢ "删除线"按钮 **A**:用于在文字上添加水平删除线。 ➢ "下划线"按钮 **U** 与"上划线"按钮 **Ō**:设置或取消上(下)划线。 ➢ "堆叠"按钮 **ᵇ⁄ₐ**:层叠/非层叠本文按钮,用于层叠所选的文本,也就是创建分数形式。当本文中某处出现"/""^"或"♯"这3种层叠符号之一时可层叠文本。方法是选中需层叠的文字,然后单击此按钮,则符号左边的文字作为分子,右边的文字作为分母。AutoCAD提供了3种分数形式,如果选中"abcd/efgh"后单击此按钮,得到如图7-9(a)所示的分数形式;如果选中"abcd^efgh"后单击此按钮,则得到如图7-9(b)所示的形式,此形式多用于标注极限偏差;如果选中"abcd♯efgh"后单击此按钮,则创建斜排的分数形式,如图7-9(c)所示。如果选中已经层叠的本文对象后单击此按钮,则恢复到非层叠形式。 🔒 提示:倾斜角度与斜体效果是两个不同的概念,前者可以设置任意倾斜角度,后者是在任意倾斜角度的基础上设置斜体效果,如图7-10所示。其中,第一行倾斜角度为0°,非斜体;第二行倾斜角度为6°,斜体;第三行倾斜角度为12°。 ➢ "倾斜角度"下拉列表 ***0/***:设置文字的倾斜角度。 ➢ "符号"按钮 @:用于输入各种符号。单击该按钮,系统打开符号列表,如图7-11所示,可以从中选择符号输入本文中。 ➢ "插入字段"按钮 🔖:插入一些常用或预设字段。单击该按钮,系统打开"字段"对话框,如图7-12所示,可以从中选择字段插入标注本文中。 ➢ "追踪"按钮 ᵃᵇ:增大或减小选定字符之间的空隙。 ➢ "多行文字对正"按钮 **A**:显示"多行文字对正"菜单,有9个对齐选项可用。 ➢ "宽度因子"按钮 **O**:扩展或收缩选定字符。 ➢ "上标"按钮 **x²**:将选定文字转换为上标,即在输入线的上方设置稍小的文字。 ➢ "下标"按钮 **x₂**:将选定文字转换为下标,即在输入线的下方设置稍小的文字。

Note

选　项	含　义
栏(C)	"文字编辑器"选项卡

含义列内容：

➢ "清除格式"下拉列表：删除选定字符的字符格式，或删除选定段落的段落格式，或删除选定段落中的所有格式。

☑ 关闭：如果选择此选项，将从应用了列表格式的选定文字中删除字母、数字和项目符号。不更改缩进状态。

☑ 以数字标记：应用将带有句点的数字用于列表中的项的列表格式。

☑ 以字母标记：应用将带有句点的字母用于列表中的项的列表格式。如果列表含有的项多于字母中含有的字母，可以使用双字母继续序列。

☑ 以项目符号标记：应用将项目符号用于列表中的项的列表格式。

☑ 启动：在列表格式中启动新的字母或数字序列。如果选定的项位于列表中间，则选定项下面的未选中的项也将成为新列表的一部分。

☑ 继续：将选定的段落添加到上面最后一个列表然后继续序列。如果选择了列表项而非段落，选定项下面的未选中的项将继续序列。

☑ 允许自动项目符号和编号：在输入时应用列表格式。以下字符可以用作字母和数字后的标点并不能用作项目符号：句点(.)、逗号(,)、右括号())、右尖括号(>)、右方括号(])和右花括号(})。

☑ 允许项目符号和列表：如果选择此选项，列表格式将应用到外观类似列表的多行文字对象中的所有纯文本。

☑ 拼写检查：确定输入时拼写检查处于打开还是关闭状态。

☑ 编辑词典：显示"词典"对话框，从中可添加或删除在拼写检查过程中使用的自定义词典。

☑ 标尺：在编辑器顶部显示标尺。拖动标尺末尾的箭头可更改文字对象的宽度。列模式处于活动状态时，还显示高度和列夹点。

➢ 段落：为段落和段落的第一行设置缩进。指定制表位和缩进，控制段落对齐方式、段落间距和段落行距，如图 7-13 所示

➢ 输入文字：选择此项，系统打开"选择文件"对话框，如图 7-14所示。从中可选择任意 ASCII 或 RTF 格式的文件。输入的文字保留原始字符格式和样式特性，但可以在多行文字编辑器中编辑和格式化输入的文字。选择要输入的文本文件后，可以替换选定的文字或全部文字，或在文字边界内将插入的文字附加到选定的文字中。输入文字的文件必须小于 32KB

图 7-8　"文字编辑器"选项卡

建筑设计

建筑设计

建筑设计

图 7-10　倾斜角度与斜体效果

图 7-11　符号列表

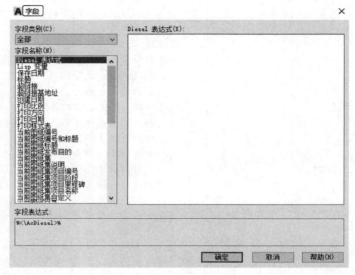

图 7-12　"字段"对话框

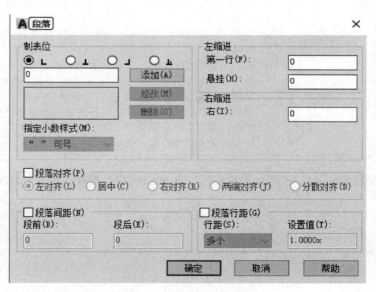

图 7-13　"段落"对话框

Note

图 7-14 "选择文件"对话框

7.2.3 上机练习——居室文字标注

7-1

练习目标

标注如图 7-15 所示的居室平面图相关文字,重点掌握"文本"命令的使用方法。

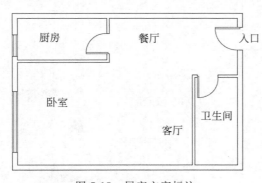

图 7-15 居室文字标注

设计思路

首先设置文字样式,然后在相对应的位置上标注文字。

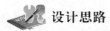 **操作步骤**

打开初始文件第 7 章"居室平面图.dwg",默认的文字样式为"Standard",在具体绘图时可以不用它,而是根据图面的要求新建文字样式。鉴于本例比较简单,现新建两个文字样式:一个设为"工程字",用于图面上的文字说明;另一个设为"尺寸文字",主

要用于尺寸标注中的文字。将两种文字分开有利于文字的修改和管理。

（1）新建"工程字"文字样式。单击"默认"选项卡"注释"面板中的"文字样式"按钮 A，弹出"文字样式"对话框，单击"新建"按钮，打开"新建文字样式"对话框，输入名称如图 7-16 所示，单击"确定"按钮后，继续设置其中的参数，如图 7-17 所示。

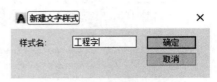

图 7-16　新建"工程字"样式

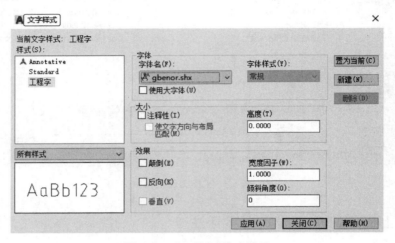

图 7-17　"工程字"样式设置

（2）"尺寸文字"样式设置。在"文字样式"对话框中，新建"尺寸文字"样式，对其中的参数进行设置，如图 7-18 所示。

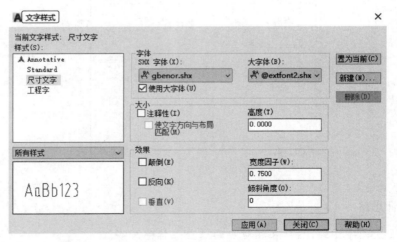

图 7-18　"尺寸文字"样式设置

（3）建立图层。建立"文字"图层，参数如图 7-19 所示，将它设置为当前图层。

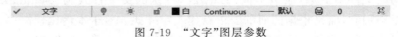

图 7-19　"文字"图层参数

（4）多行文字标注。单击"默认"选项卡"注释"面板中的"多行文字"按钮 **A**，用鼠标在房间中部拉出一个矩形框，打开"文字编辑器"选项卡；将文字样式设为"工程字"，字高设为175，在文本框内输入"卧室"，单击"关闭"按钮，如图7-20所示。

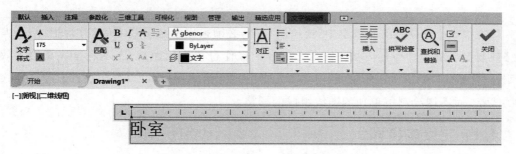

图7-20　输入文字示意图

（5）单行文字标注。若采用单行文字标注，则单击"默认"选项卡"注释"面板中的"单行文字"按钮 **A**，按命令行提示进行操作。

```
命令：_dtext ↙
当前文字样式：工程字　当前文字高度：0
指定文字的起点或[对正(J)/样式(S)]：(用鼠标在客厅位置单击文字起点)
指定高度<0>：175 ↙
指定文字的旋转角度<0.0>：↙ (然后，在屏幕上显示的文本框中输入"客厅")
```

（6）完成文字标注。同理，采用"单行或多行文字"完成其他文字标注，也可以复制已标注的文字到其他位置，然后双击打开进行修改。结果如图7-15所示。

7.3　文本的编辑

1. 执行方式

命令行：ddedit。
菜单栏：选择菜单栏中的"修改"→"对象"→"文字"→"编辑"命令。
工具栏：单击"文字"工具栏中的"编辑"按钮 **A**。
快捷菜单："修改多行文字"或"编辑文字"。

2. 操作格式

```
命令:ddedit↙
选择注释对象或[放弃(U)]:
```

要求选择想要修改的文本，同时光标变为拾取框。用拾取框单击对象，如果选取的文本是用text命令创建的单行文本，则以高亮度显示该文本，可对其进行修改；如果选取的文本是用mtext命令创建的多行文本，选取后则打开多行文字编辑器，如图7-8所示，可根据前面的介绍对各项设置或内容进行修改。

7.4 表　　格

在 AutoCAD 以前的版本中,要绘制表格,必须采用绘制图线或者使用图线结合偏移或复制等编辑命令的方法来完成。这样的操作过程烦琐而复杂,不利于提高绘图效率。从 AutoCAD 2005 开始,新增加了一个"表格"绘图功能,可以直接插入设置好样式的表格,而不用绘制由单独的图线组成的栅格。

7.4.1 定义表格样式

和文字样式一样,所有 AutoCAD 图形中的表格都有和其相对应的表格样式。当插入表格对象时,AutoCAD 使用当前设置的表格样式。表格样式是用来控制表格基本形状和间距的一组设置。模板文件 acad. dwt 和 acadiso. dwt 中定义了名为"Standard"的默认表格样式。

1. 执行方式

命令行:tablestyle。

菜单栏:选择菜单栏中的"格式"→"表格样式"命令。

工具栏:单击"样式"工具栏中的"表格样式"按钮 ▦ 。

功能区:单击"默认"选项卡"注释"面板中的"表格样式"按钮 ▦ (图 7-21),或单击"注释"选项卡"表格"面板中的"表格样式"下拉菜单中的"管理表格样式"按钮(图 7-22),或单击"注释"选项卡"表格"面板中的"对话框启动器"按钮 ⬎ 。

图 7-21 "注释"面板

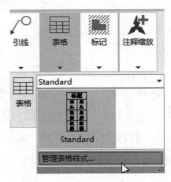

图 7-22 "表格"面板

2. 操作格式

命令:tablestyle↙

执行上述命令后,系统打开"表格样式"对话框,如图 7-23 所示。

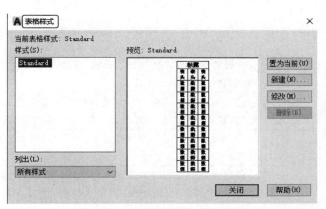

图 7-23　"表格样式"对话框

3．选项说明

单击"新建"按钮，打开"创建新的表格样式"对话框，如图 7-24 所示。输入新的表格样式名后，单击"继续"按钮，打开"新建表格样式"对话框，如图 7-25 所示，从中可以定义新的表格样式。

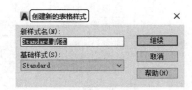

图 7-24　"创建新的表格样式"对话框

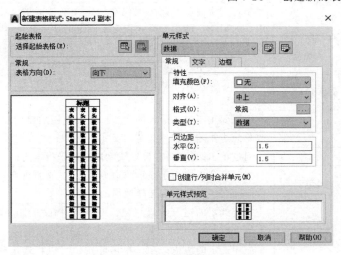

图 7-25　"新建表格样式"对话框

"新建表格样式"对话框各个选项含义如表 7-5 所示。

表 7-5　"新建表格样式"对话框各个选项含义

选　　项	含　　义	
"起始表格" 选项组	选择起始表格，可以在图形中选择一个要应用新表格样式的表格	
"常规" 选项组	表格方向	包括"向下"和"向上"选项。选择"向上"选项，是指创建由下而上读取的表格，标题行和列标题行都在表格的底部；选择"向下"选项，是指创建由上而下读取的表格，标题行和列标题行都在表格的顶部

续表

选　　项		含　　义
"单元样式"选项组	单元样式	选择要应用到表格的单元样式,或通过单击该下拉列表右侧的按钮,创建一个新单元样式
"常规"选项卡	填充颜色	指定填充颜色。选择"无"或选择一种背景色,或者单击"选择颜色"按钮,在弹出的"选择颜色"对话框中选择适当的颜色
	对齐	为单元内容指定一种对齐方式。"中心"指水平对齐,"中间"指垂直对齐
	格式	设置表格中各行的数据类型和格式。单击右边的省略号按钮,弹出"表格单元格式"对话框,从中可以进一步定义格式选项
	类型	将单元样式指定为标签或数据,在包含起始表格的表格样式中插入默认文字时使用,也用于在工具选项板上创建表格工具的情况
	页边距-水平	设置单元中的文字或块与左右单元边界之间的距离
	页边距-垂直	设置单元中的文字或块与上下单元边界之间的距离
	创建行/列时合并单元	将使用当前单元样式创建的所有新行或列合并到一个单元中
"文字"选项卡	文字样式	指定文字样式。选择文字样式,或单击右边的省略号按钮弹出"文字样式"对话框,从中可创建新的文字样式
	文字高度	指定文字高度。此选项仅在选定文字样式的文字高度为0时使用。如果选定的文字样式指定了固定的文字高度,则此选项不可用
	文字颜色	指定文字颜色。选择一种颜色,或者单击"选择颜色"按钮,在弹出的"选择颜色"对话框中选择适当的颜色
	文字角度	设置文字角度。默认的文字角度为0°,可以输入-359°~359°的任何角度
"边框"选项卡	线宽	设置要用于显示边界的线宽。如果使用加粗的线宽,可能必须修改单元边距才能看到文字
	线型	通过单击边框按钮,设置线型以应用于指定边框
	颜色	指定颜色以应用于显示的边界。单击"选择颜色"按钮,在弹出的"选择颜色"对话框中选择适当的颜色
	双线	指定选定的边框为双线型。可以通过在"间距"文本框中输入值来更改行距
	边框显示按钮	应用选定的边框选项。单击此按钮可以将选定的边框选项应用到所有的单元边框,包括外部边框、内部边框、底部边框、左边框、顶部边框、右边框或无边框。 在"表格样式"对话框中单击"修改"按钮可以对当前表格样式进行修改,方式与新建表格样式相同

7.4.2　创建表格

在设置好表格样式后,可以利用 table 命令创建表格。

1. 执行方式

命令行：table。

菜单栏：选择菜单栏中的"绘图"→"表格"命令。

工具栏：单击"绘图"工具栏中的"表格"按钮 ⊞。

功能区：单击"默认"选项卡"注释"面板中的"表格"按钮 ⊞，或单击"注释"选项卡"表格"面板中的"表格"按钮 ⊞。

2. 操作格式

命令:table↙

执行上述命令后，系统打开"插入表格"对话框，如图 7-26 所示。

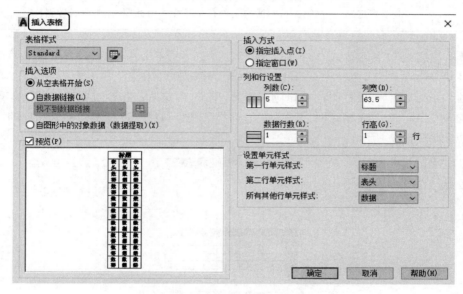

图 7-26 "插入表格"对话框

3. 选项说明

"插入表格"对话框各个选项含义如表 7-6 所示。

表 7-6 "插入表格"对话框各个选项含义

选 项		含 义
"表格样式"选项组		可以在"表格样式"选项组中的下拉列表中选择一种表格样式，也可以单击后面的按钮新建或修改表格样式
"插入选项"选项组	"从空表格开始"单选按钮	创建可以手动填充数据的空表格
	"自数据链接"单选按钮	通过启动数据链接管理器链接电子表格中的数据来创建表格
	"自图形中的对象数据（数据提取)"单选按钮	启动"数据提取"向导来创建表格

续表

选　　项		含　　义
"插入方式" 选项组	"指定插入点" 单选按钮	指定表左上角的位置。可以使用鼠标,也可以在命令行中输入坐标值。如果将表的方向设置为由下而上读取,则插入点位于表的左下角
	"指定窗口"单选按钮	指定表的大小和位置。可以使用鼠标,也可以在命令行中输入坐标值。选择此选项时,行数、列数、列宽和行高取决于窗口的大小以及列和行的设置
"列和行设置" 选项组		指定列和行的数目以及列宽与行高
"设置单元样式" 选项组		指定第一行、第二行和所有其他行单元样式为标题、标头或者数据样式

　　注意:在"插入方式"选项组中选择"指定窗口"单选按钮后,列与行设置的两个参数中只能指定一个,另外一个由指定窗口大小自动等分指定。

　　在"插入表格"对话框中进行相应设置后,单击"确定"按钮,系统在指定的插入点或窗口自动插入一个空表格,并打开"文字编辑器"选项卡,可以逐行逐列输入相应的文字或数据,如图 7-27 所示。

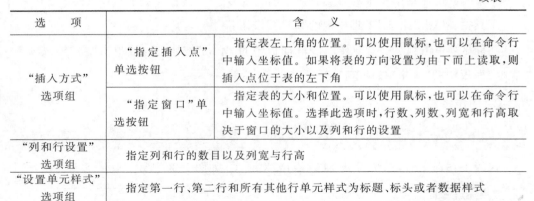

图 7-27　空表格和"文字编辑器"选项卡

　　提示:在插入后的表格中选择某一个单元格,单击后出现钳夹点,通过移动钳夹点可以改变单元格的大小,如图 7-28 所示。

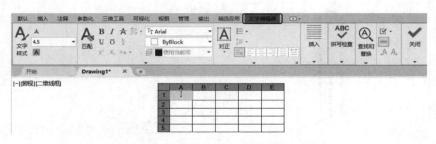

图 7-28　改变单元格大小

7.4.3　编辑表格文字

1. 执行方式

命令行:tabledit。

快捷菜单:选定表和一个或多个单元格后,右击,然后选择快捷菜单中的"编辑文字"命令。

鼠标：在表格单元格内双击。

2. 操作格式

命令:tabledit↙

执行上述命令后,系统打开图 7-8 所示的"文字编辑器"选项卡,从中可以对指定表格单元格中的文字进行编辑。

7-2

7.4.4 上机练习——建筑制图 A3 样板图

练习目标

绘制如图 7-29 所示的建筑制图 A3 样板图,重点掌握"表格"命令的使用方法。

图形样板指扩展名为".dwt"的文件,也叫样板文件。它一般包含单位、图形界限、图层、文字样式、标注样式、线型等标准设置。当新建图形文件时,将样板文件载入,也就加载了相应的设置。

设计思路

利用"矩形"命令绘制外轮廓,然后创建表格,最后在表格中输入相对应的文本文字。

操作步骤

(1) 单击"默认"选项卡"绘图"面板中的"矩形"按钮 ▭,绘制一个两个角点的坐标分别为(25,10)和(410,287)的矩形作为图框,如图 7-30 所示。

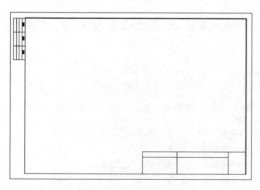

图 7-29　A3 样板图

图 7-30　绘制矩形

注意：A3 图纸标准的幅面大小是 420×297,这里留出了带装订边的图框到纸面边界的距离。

(2) 标题栏结构如图 7-31 所示,由于分隔线并不整齐,所以可以先绘制一个 9×4（每个单元格的尺寸是 10×10）的标准表格,然后在此基础上编辑合并单元格,形成如图 7-31 所示的形式。

(3) 单击"默认"选项卡"注释"面板中的"表格样式"按钮 ▦,打开"表格样式"对话框,如图 7-32 所示。

图 7-31 标题栏示意图

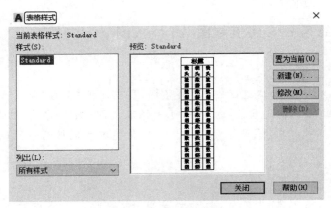

图 7-32 "表格样式"对话框

（4）单击"修改"按钮，打开"修改表格样式"对话框。在"单元样式"下拉列表中选择"数据"选项，在下面的"文字"选项卡中将"文字高度"设置为 6，如图 7-33 所示。再打开"常规"选项卡，将"页边距"选项组中的"水平"和"垂直"文本框都设置成 1，如图 7-34 所示。

提示：表格的行高＝文字高度＋2×垂直页边距，此处设置为 8＋2×1＝10。

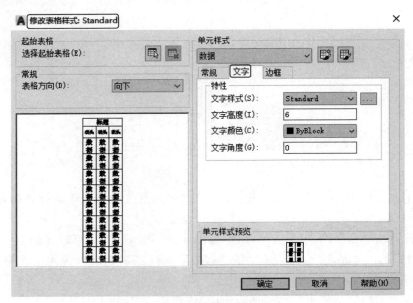

图 7-33 "修改表格样式"对话框

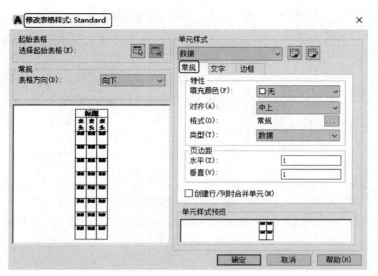

图 7-34 设置"常规"选项卡

（5）确认后返回到"表格样式"对话框，单击"关闭"按钮退出。

（6）单击"默认"选项卡"注释"面板中的"表格"按钮 ⊞ ，打开"插入表格"对话框。在"列和行设置"选项组中将"列数"设置为 9，将"列宽"设置为 20，将"数据行数"设置为 2（加上标题行和表头行共 4 行），将"行高"设置为 1（即为 10）；在"设置单元样式"选项组中将"第一行单元样式""第二行单元样式""所有其他行单元样式"都设置为"数据"，如图 7-35 所示。

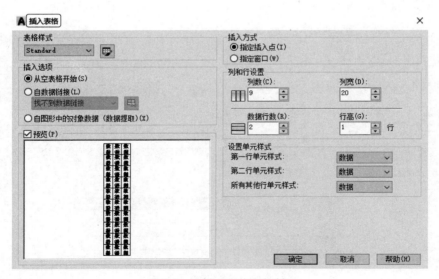

图 7-35 "插入表格"对话框

（7）在图框线右下角附近指定表格位置，系统生成表格，同时打开"文字编辑器"选项卡，如图 7-36 所示；直接按 Enter 键，不输入文字。生成的表格如图 7-37 所示。

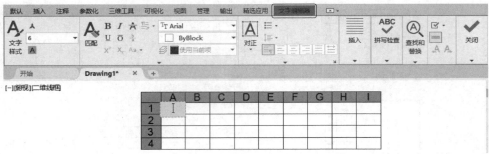

图 7-36　表格和"文字编辑器"选项卡

（8）刚生成的标题栏无法准确确定与图线框的相对位置，需要移动。单击"默认"选项卡"修改"面板中的"移动"按钮 ✛ ，将刚绘制的表格准确放置在图框的右下角，如图 7-38 所示。

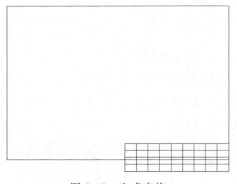

图 7-37　生成表格

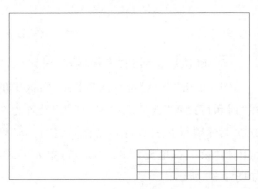

图 7-38　移动表格

（9）单击 A1 单元格，按住 Shift 键，同时选择 B1 和 C1 单元格，在"表格"编辑器中单击"合并单元"按钮 ▦ ，在其下拉菜单中选择"合并全部"命令，如图 7-39 所示。

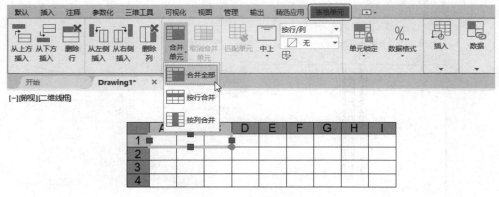

图 7-39　合并单元格

（10）使用同样方法对其他单元格进行合并，结果如图 7-40 所示。

（11）会签栏具体大小和样式如图 7-41 所示。下面采取与标题栏相同的方法进行绘制。

Note

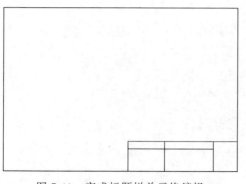

图 7-40 完成标题栏单元格编辑

图 7-41 会签栏示意图

在"修改表格样式"对话框中,将"文字"选项卡中的"文字高度"设置为 4,如图 7-42 所示;再设置"常规"选项卡中"页边距"选项组的"水平"和"垂直"都为 0.5。

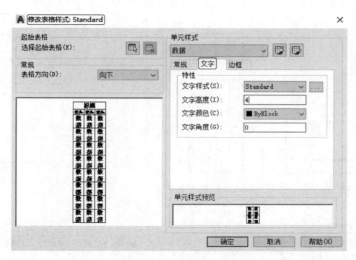

图 7-42 设置表格样式

(12)单击"默认"选项卡"注释"面板中的"表格"按钮 ,打开"插入表格"对话框。在"列和行设置"选项组中将"列数"设置为 3,将"列宽"设置为 25,将"数据行数"设置为 2,将"行高"设置为 1;在"设置单元样式"选项组中将"第一行单元样式""第二行单元样式""所有其他行单元样式"都设置为"数据",如图 7-43 所示。在表格中输入文字,结果如图 7-44 所示。

(13)单击"默认"选项卡"修改"面板中的"旋转"按钮 ,将会签栏旋转-90°,结果如图 7-45 所示。单击"默认"选项卡"修改"面板中的"移动"按钮 ,将会签栏移动到图线框左上角,结果如图 7-46 所示。

(14)单击"快速访问"工具栏中的"另存为"按钮 ,打开"图形另存为"对话框,如图 7-47 所示,将图形保存为 dwt 格式的文件即可。

Note

图 7-43　设置表格的行和列

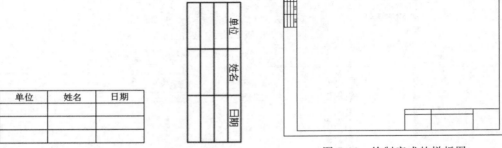

图 7-44　会签栏的绘制　　图 7-45　旋转会签栏　　　　图 7-46　绘制完成的样板图

图 7-47　"图形另存为"对话框

第**8**章

尺寸标注

尺寸标注是绘图设计过程中相当重要的一个环节。因为图形的主要作用是表达物体的形状,而物体各部分的真实大小和各部分之间的确切位置只能通过尺寸标注来表达。因此,没有正确的尺寸标注,绘制出的图纸对于加工制造就没有什么意义。本章介绍 AutoCAD 的尺寸标注功能,主要包括尺寸标注的规则与组成、尺寸样式、尺寸标注、引线标注、尺寸标注编辑等知识。

◆ 尺寸样式
◆ 标注尺寸

Note

8.1 尺寸样式

组成尺寸标注的尺寸界线、尺寸线、尺寸文本及箭头等可以采用多种多样的形式,实际标注一个几何对象的尺寸时,它的尺寸标注以什么形态出现取决于当前所采用的尺寸标注样式。标注样式决定尺寸标注的形式,包括尺寸线、尺寸界线、箭头和中心标记的形式以及尺寸文本的位置、特性等。在 AutoCAD 2022 中,可以利用"标注样式管理器"对话框方便地设置自己需要的尺寸标注样式。下面介绍如何定制尺寸标注样式。

8.1.1 新建或修改尺寸样式

在进行尺寸标注之前,要建立尺寸标注的样式。如果不建立尺寸样式而直接进行标注,系统使用默认的名称为 Standard 的样式。如果认为使用的标注样式有某些设置不合适,也可以修改标注样式。

1. 执行方式

命令行:dimstyle。

菜单栏:选择菜单栏中的"格式"→"标注样式"或"标注"→"标注样式"命令。

工具栏:单击"标注"工具栏中的"标注样式"按钮 。

功能区:单击"默认"选项卡"注释"面板中的"标注样式"按钮 (图 8-1),或单击 ❶ "注释"选项卡"标注"面板中的 ❷ "标注样式"下拉菜单中的 ❸ "管理标注样式"按钮(图 8-2),或单击"注释"选项卡"标注"面板中的"对话框启动器"按钮 。

图 8-1 "注释"面板

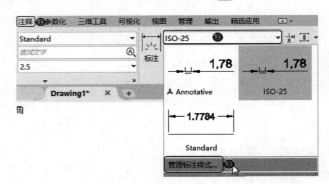

图 8-2 "标注"面板

2. 操作格式

命令:dimstyle↙

执行上述命令后,系统打开"标注样式管理器"对话框,如图 8-3 所示。利用此对话框可方便直观地设置和浏览尺寸标注样式,包括建立新的标注样式,修改已存在的样式,设置当前尺寸标注样式,对样式进行重命名,以及删除一个已存在的样式等。

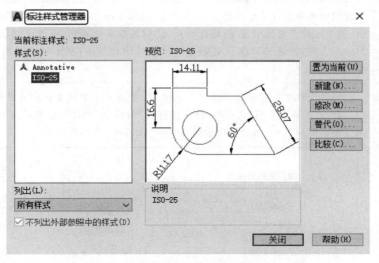

图 8-3 "标注样式管理器"对话框

3.选项说明

"标注样式管理器"对话框各个选项含义如表 8-1 所示。

表 8-1 "标注样式管理器"对话框各个选项含义

选 项		含 义
"置为当前"按钮		单击此按钮,把在"样式"列表框中选中的样式设置为当前样式
"新建"按钮		定义一个新的尺寸标注样式。单击此按钮,AutoCAD 打开"创建新标注样式"对话框,如图 8-4 所示,利用此对话框可创建一个新的尺寸标注样式。下面介绍其中各选项的功能
	"新样式名"文本框	给新的尺寸标注样式命名
	"基础样式"下拉列表	选取创建新样式所基于的标注样式。单击其下拉列表右侧的下三角按钮,出现当前已有的样式列表,从中选取一个作为定义新样式的基础,新的样式是在这个样式的基础上修改一些特性得到的
	"用于"下拉列表	指定新样式应用的尺寸类型。单击其下拉列表右侧的下三角按钮,出现尺寸类型列表,如果新建样式应用于所有尺寸,则选择"所有标注";如果新建样式只应用于特定的尺寸标注(例如只在标注直径时使用此样式),则选取相应的尺寸类型
	"继续"按钮	各选项设置好以后,单击"继续"按钮,AutoCAD 打开"新建标注样式"对话框,如图 8-5 所示,利用此对话框可对新样式的各项特性进行设置。该对话框中各部分的含义和功能将在后面介绍
"修改"按钮		修改一个已存在的尺寸标注样式。单击此按钮,AutoCAD 将打开"修改标注样式"对话框,该对话框中的各选项与"新建标注样式"对话框中完全相同,可以在此对已有标注样式进行修改

续表

选　项	含　义
"替代"按钮	设置临时覆盖尺寸标注样式。单击此按钮，AutoCAD 打开"替代当前样式"对话框，该对话框中各选项与"新建标注样式"对话框完全相同，可改变选项的设置覆盖原来的设置，但这种修改只对指定的尺寸标注起作用，而不影响当前尺寸变量的设置
"比较"按钮	比较两个尺寸标注样式在参数上的区别，或浏览一个尺寸标注样式的参数设置。单击此按钮，AutoCAD 打开"比较标注样式"对话框，如图 8-6 所示。可以把比较结果复制到剪贴板中，然后再粘贴到其他的 Windows 应用软件中

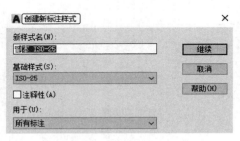

图 8-4　"创建新标注样式"对话框

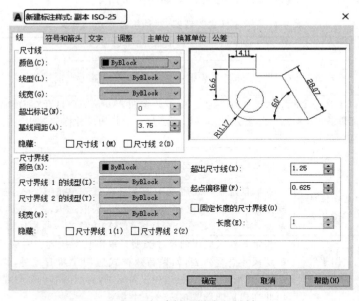

图 8-5　"新建标注样式"对话框

8.1.2　线

在"新建标注样式"对话框中，第一个选项卡是"线"，如图 8-5 所示。该选项卡用于设置尺寸线、尺寸界线的形式和特性，下面分别进行说明。

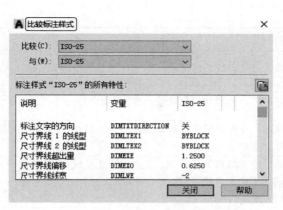

图 8-6 "比较标注样式"对话框

1．"尺寸线"选项组

"尺寸线"选项组用于设置尺寸线的特性。

"尺寸线"选项组各个选项含义如表 8-2 所示。

表 8-2 "尺寸线"选项组各个选项的含义

选 项	含 义
"颜色" 下拉列表	设置尺寸线的颜色。可直接输入颜色名字，也可从下拉列表中选择。如果选取"选择颜色"，AutoCAD 将打开"选择颜色"对话框供选择其他颜色
"线型" 下拉列表框	设置尺寸线的线型，下拉列表中列出了各种线型样式
"线宽" 下拉列表	设置尺寸线的线宽。下拉列表中列出了各种线宽的名字和宽度。AutoCAD 把设置值保存在 DIMLWD 变量中
"超出标记" 微调框	当尺寸箭头设置为短斜线、短波浪线等，或尺寸线上无箭头时，可利用此微调框设置尺寸线超出尺寸界线的距离。其相应的尺寸变量是 DIMDLE
"基线间距" 微调框	设置以基线方式标注尺寸时，相邻两尺寸线之间的距离。相应的尺寸变量是 DIMDLI
"隐藏" 复选框组	确定是否隐藏尺寸线及相应的箭头。选中"尺寸线 1"复选框表示隐藏第一段尺寸线，选中"尺寸线 2"复选框表示隐藏第二段尺寸线。相应的尺寸变量是 DIMSD1 和 DIMSD2

2．"尺寸界线"选项组

"尺寸界线"选项组用于确定尺寸界线的形式。

"尺寸界线"选项组各个选项含义如表 8-3 所示。

表 8-3 "尺寸界线"选项组各个选项的含义

选 项	含 义
"颜色" 下拉列表	设置尺寸界线的颜色
"线型" 下拉列表框	设置尺寸线的线型，下拉列表中列出了各种线型样式

续表

选　　项	含　　义
"线宽" 下拉列表	设置尺寸界线的线宽，AutoCAD 把其值保存在 DIMLWE 变量中
"超出尺寸线" 微调框	确定尺寸界线超出尺寸线的距离，相应的尺寸变量是 DIMEXE
"起点偏移量" 微调框	确定尺寸界线的实际起始点相对于指定的尺寸界线的起始点的偏移量，相应的尺寸变量是 DIMEXO
"隐藏" 复选框组	确定是否隐藏尺寸界线。选中"尺寸界线1"复选框表示隐藏第一段尺寸界线，选中"尺寸界线 2"复选框表示隐藏第二段尺寸界线。相应的尺寸变量是 DIMSE1 和 DIMSE2
"固定长度的尺寸 界线"复选框	选中该复选框，系统以固定长度的尺寸界线标注尺寸。可以在下面的"长度"微调框中输入长度值

3．尺寸样式显示框

在"新建标注样式"对话框的右上方是一个尺寸样式显示框，该框以样例的形式显示设置的尺寸样式。

8.1.3　符号和箭头

在"新建标注样式"对话框中，第二个选项卡是"符号和箭头"，如图 8-7 所示。该选项卡用于设置箭头、圆心标记、弧长符号和半径折弯标注的形式和特性，现分别进行说明。

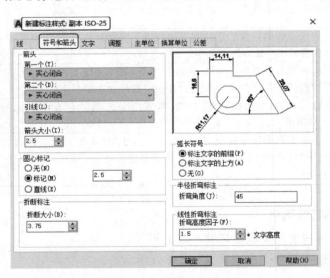

图 8-7　"符号和箭头"选项卡

1．"箭头"选项组

"箭头"选项组用于设置尺寸箭头的形式。AutoCAD 提供了多种多样的箭头形状，列在"第一个"和"第二个"下拉列表中，另外还允许采用用户自定义的箭头形状。两个尺寸箭头可以采用相同的形式，也可以采用不同的形式。

（1）"第一个"下拉列表：用于设置第一个尺寸箭头的形式。可在下拉列表中选择,其中列出了各种箭头形式的名字以及各类箭头的形状。一旦确定了第一个箭头的类型,第二个箭头自动与其匹配,要想第二个箭头采取不同的形状,可在"第二个"下拉列表中设定。AutoCAD 把第一个箭头类型名存放在尺寸变量 DIMBLK1 中。

（2）"第二个"下拉列表：确定第二个尺寸箭头的形式,可与第一个箭头不同。AutoCAD 把第二个箭头的名字存放在尺寸变量 DIMBLK2 中。

（3）"引线"下拉列表：确定引线箭头的形式。

（4）"箭头大小"微调框：设置箭头的大小,相应的尺寸变量是 DIMASZ。

2．"圆心标记"选项组

"圆心标记"选项组用于设置半径标注、直径标注和中心标注中的中心标记和中心线的形式。相应的尺寸变量是 DIMCEN。其中各项的含义如下。

（1）无：既不产生中心标记,也不产生中心线。这时 DIMCEN 的值为 0。

（2）标记：中心标记为一个记号。AutoCAD 将标记大小以一个正的值存放在 DIMCEN 中。

（3）直线：中心标记采用中心线的形式。AutoCAD 将中心线的大小以一个负的值存放在 DIMCEN 中。

（4）"大小"微调框：设置中心标记和中心线的大小和粗细。

3．折断标注

"折断标注"用于控制折断标注的间距宽度。

"折断大小"微调框用于设置用于折断标注的间距大小。

4．"弧长符号"选项组

"弧长符号"选项组用于控制弧长标注中圆弧符号的显示。其中有 3 个单选按钮。

（1）标注文字的前缀：将弧长符号放在标注文字的前面,如图 8-8（a）所示。

（2）标注文字的上方：将弧长符号放在标注文字的上方,如图 8-8（b）所示。

（3）无：不显示弧长符号,如图 8-8（c）所示。

(a)　　　　　(b)　　　　　(c)

图 8-8　弧长符号

5．半径折弯标注

（1）控制折弯（Z 字形）半径标注的显示。折弯半径标注通常在圆或圆弧的中心点位于页面外部时创建。

（2）折弯角度。确定折弯半径标注中,尺寸线的横向线段的角度。

6．线性折弯标注

"线性折弯标注"用于控制线性标注折弯的显示。

当标注不能精确表示实际尺寸时,通常将折弯线添加到线性标注中。通常,实际尺寸比所需值小。

8.1.4　文字

在"新建标注样式"对话框中,第三个选项卡是"文字"选项卡,如图 8-9 所示。该选项卡用于设置尺寸文本的形式、位置和对齐方式等。

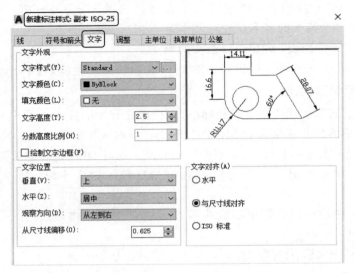

图 8-9　"文字"选项卡

1."文字外观"选项组

(1)"文字样式"下拉列表:选择当前尺寸文本采用的文本样式。可在下拉列表中选取一个样式,也可单击右侧的 ⌷⌷⌷ 按钮,打开"文字样式"对话框,以创建新的文字样式或对文字样式进行修改。AutoCAD 将当前文字样式保存在 DIMTXSTY 系统变量中。

(2)"文字颜色"下拉列表:设置尺寸文本的颜色,其操作方法与设置尺寸线颜色的方法相同。与其对应的尺寸变量是 DIMCLRT。

(3)"填充颜色"下拉列表框:设置尺寸文本的背景颜色,其操作方法与设置文字颜色的方法相同。与其对应的尺寸变量是 DIMTFILL 或 DIMTFILLCLR。

(4)"文字高度"微调框:设置尺寸文本的字高,相应的尺寸变量是 DIMTXT。如果选用的文字样式中已设置了具体的字高(不是 0),则此处的设置无效;如果文字样式中设置的字高为 0,则以此处的设置为准。

(5)"分数高度比例"微调框:确定尺寸文本的比例系数,相应的尺寸变量是 DIMTFAC。

(6)"绘制文字边框"复选框:选中此复选框,AutoCAD 将在尺寸文本的周围加上边框。

2."文字位置"选项组

(1)"垂直"下拉列表:确定尺寸文本相对于尺寸线在垂直方向的对齐方式,相应的尺寸变量是 DIMTAD。在该下拉列表中可选择的对齐方式有以下 4 种。

➤ 居中:将尺寸文本放在尺寸线的中间,此时 DIMTAD=0。

➤ 上方:将尺寸文本放在尺寸线的上方,此时 DIMTAD=1。

➢ 外部：将尺寸文本放在远离第一条尺寸界线起点的位置，即和所标注的对象分列于尺寸线的两侧，此时 DIMTAD＝2。

➢ JIS：使尺寸文本的放置符合 JIS(日本工业标准)规则，此时 DIMTAD＝3。

上面 4 种文本放置方式如图 8-10 所示。

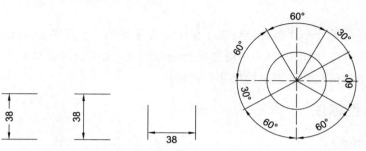

图 8-10　尺寸文本在垂直方向的放置

(2)"水平"下拉列表：用来确定尺寸文本相对于尺寸线和尺寸界线在水平方向的对齐方式，相应的尺寸变量是 DIMJUST。图 8-11 所示为在下拉列表中可选择的对齐方式。

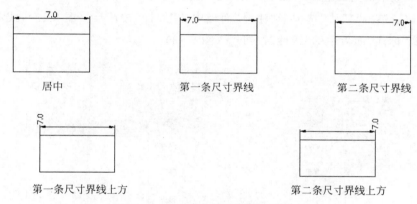

图 8-11　尺寸文本在水平方向的放置

(3)"观察方向"下拉列表框：确定尺寸文本从左往右书写还是从右往左书写。

(4)"从尺寸线偏移"微调框：当尺寸文本放在断开的尺寸线中间时，此微调框用来设置尺寸文本与尺寸线之间的距离(尺寸文本间隙)。这个值保存在尺寸变量 DIMGAP 中。

3. "文字对齐"选项组

"文字对齐"选项组用来控制尺寸文本排列的方向。当尺寸文本在尺寸界线之内时，与其对应的尺寸变量是 DIMTIH；当尺寸文本在尺寸界线之外时，与其对应的尺寸变量是 DIMTOH。

(1)"水平"单选按钮：尺寸文本沿水平方向放置。不论标注什么方向的尺寸，尺寸文本总保持水平。

(2)"与尺寸线对齐"单选按钮：尺寸文本沿尺寸线方向放置。

(3)"ISO 标准"单选按钮：当尺寸文本在尺寸界线之间时，沿尺寸线方向放置；当尺寸文本在尺寸界线之外时，沿水平方向放置。

8.2 标注尺寸

正确地进行尺寸标注是设计绘图工作中非常重要的一个环节。AutoCAD 2022 提供了方便快捷的尺寸标注方法，可通过执行命令实现，也可利用菜单或工具图标实现。本节重点介绍如何对各种类型的尺寸进行标注。

8.2.1 线性标注

1. 执行方式

命令行：dimlinear(缩写：dimlin)。

菜单栏：选择菜单栏中的"标注"→"线性"命令。

工具栏：单击"标注"工具栏中的"线性"按钮 ⊢ 。

功能区：单击"默认"选项卡"注释"面板中的"线性"按钮 ⊢（图 8-12），或单击"注释"选项卡"标注"面板中的"线性"按钮 ⊢（图 8-13）。

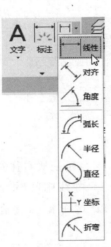

图 8-12　"注释"面板

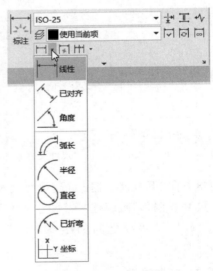

图 8-13　"标注"面板

2. 操作格式

```
命令：dimlin↙
指定第一个尺寸界线原点或<选择对象>:
```

3. 选项说明

"线性标注"命令各个选项含义如表 8-4 所示。

表8-4 "线性标注"命令各个选项含义

选 项	含 义
直接按 Enter 键	直接按 Enter 键选择要标注的对象或确定尺寸界线的起始点。光标变为拾取框,并且在命令行给出如下提示。 选择标注对象:用拾取框点取要标注尺寸的线段 指定尺寸线位置或[多行文字(M)/文字(T)/角度(A)/水平(H)/垂直(V)/旋转(R)]:
指定尺寸线位置	确定尺寸线的位置。可移动鼠标选择合适的尺寸线位置,然后按 Enter 键或单击,AutoCAD 将自动测量所标注线段的长度并标注出相应的尺寸
多行文字(M)	用多行文字编辑器确定尺寸文本
文字(T)	在命令行提示下输入或编辑尺寸文本。选择此选项后,AutoCAD 提示如下: 输入标注文字<默认值>: 其中的默认值是 AutoCAD 自动测量得到的被标注线段的长度,直接按 Enter 键即可采用此长度值,也可输入其他数值代替默认值。当尺寸文本中包含默认值时,可使用尖括号"〈 〉"表示默认值
角度(A)	确定尺寸文本的倾斜角度
水平(H)	水平标注尺寸,不论标注什么方向的线段,尺寸线均水平放置
垂直(V)	垂直标注尺寸,不论被标注线段沿什么方向,尺寸线总保持垂直
旋转(R)	输入尺寸线旋转的角度值,旋转标注尺寸
	指定第一条尺寸界线原点　｜　指定第一条尺寸界线的起始点

8.2.2 对齐标注

1. 执行方式

命令行:dimaligned。
菜单栏:选择菜单栏中的"标注"→"对齐"命令。
工具栏:单击"标注"工具栏中的"对齐"按钮。
功能区:单击"默认"选项卡"注释"面板中的"对齐"按钮,或单击"注释"选项卡"标注"面板中的"对齐"按钮。

2. 操作格式

命令: dimaligned✓
指定第一个尺寸界线原点或<选择对象>:

这种命令标注的尺寸线与所标注轮廓线平行,标注的是起始点到终点之间的距离尺寸。

8.2.3 基线标注

基线标注用于产生一系列基于同一条尺寸界线的尺寸标注,适用于长度尺寸标注、角度标注和坐标标注等。在使用基线标注方式之前,应该先标注出一个相关的尺寸。

1．执行方式

命令行：DIMBASELINE。

菜单栏：选择菜单栏中的"标注"→"基线"命令。

工具栏：单击"标注"工具栏中的"基线"按钮 ⊟。

功能区：单击"注释"选项卡"标注"面板中的"基线"按钮 ⊟。

2．操作格式

```
命令：DIMBASELINE✓
指定第二条尺寸界线原点或[放弃(U)/选择(S)] <选择>:
```

3．选项说明

"基线标注"命令各个选项含义如表 8-5 所示。

表 8-5　"基线标注"命令各个选项含义

选　　项	含　　义
指定第二条尺寸界线原点	直接确定另一个尺寸的第二条尺寸界线的起点,AutoCAD 以上次标注的尺寸为基准标注,标注出相应尺寸
<选择(S)>	在上述提示下直接按 Enter 键,AutoCAD 提示如下： 选择基准标注：(选取作为基准的尺寸标注)

8.2.4　连续标注

连续标注又叫尺寸链标注,用于产生一系列连续的尺寸标注,后一个尺寸标注均把前一个标注的第二条尺寸界线作为它的第一条尺寸界线。适用于长度型尺寸标注、角度型标注和坐标标注等。在使用连续标注方式之前,应该先标注出一个相关的尺寸。

1．执行方式

命令行：DIMCONTINUE。

菜单栏：选择菜单栏中的"标注"→"连续"命令。

工具栏：单击"标注"工具栏中的"连续"按钮 ⊞。

功能区：单击"注释"选项卡"标注"面板中的"连续"按钮 ⊞。

2．操作格式

```
命令：DIMCONTINUE✓
选择连续标注：
指定第二条尺寸界线原点或[放弃(U)/选择(S)] <选择>:
```

在此提示下的各选项与基线标注中完全相同,这里不再叙述。

8.2.5　半径标注

1. 执行方式

命令行:dimradius。

菜单栏:选择菜单栏中的"标注"→"半径"命令。

工具栏:单击"标注"工具栏中的"半径"按钮。

功能区:单击"默认"选项卡"注释"面板中的"半径"按钮。

2. 操作格式

命令:dimradius ✓
选择圆弧或圆:(选择要标注半径的圆或圆弧)
指定尺寸线位置或[多行文字(M)/文字(T)/角度(A)]:(确定尺寸线的位置或选择某一选项)

可以选择"多行文字(M)"项、"文字(T)"项或"角度(A)"项来输入、编辑尺寸文本或确定尺寸文本的倾斜角度,也可以直接确定尺寸线的位置,标注出指定圆或圆弧的半径。

除了上面介绍的这些标注,其他还有直径标注、圆心标注、中心线标注、角度标注、快速标注等标注方式,这里不再赘述。

8.2.6　快速引线标注

利用 qLeader 命令可以快速生成指引线及注释,而且可以通过命令行优化对话框进行用户自定义,由此可以消除不必要的命令行提示,取得最高的工作效率。

1. 执行方式

命令行:qLeader。

2. 操作格式

命令:qLeader ✓
指定第一个引线点或[设置(S)] <设置>:

3. 选项说明

"快速引线标注"命令各个选项含义如表 8-6 所示。

表 8-6　"快速引线标注"命令各个选项含义

选　　项	含　　义
指定第一个引线点	在上面的提示下确定一点作为指引线的第一个点。AutoCAD 提示如下: 指定下一点:(输入指引线的第二个点) 指定下一点:(输入指引线的第三个点) AutoCAD 提示输入的点的数目由"引线设置"对话框确定,如图 8-14 所示。输入完指引线的点后 AutoCAD 提示如下:

续表

选　　项	含　　义
指定第一个引线点	指定文字宽度<0.0000>:(输入多行文本的宽度) 输入注释文字的第一行<多行文字(M)>: 此时,有两种命令输入选择。 如果在命令行输入第一行文本,系统继续提示如下: 输入注释文字的下一行:(输入另一行文本) 输入注释文字的下一行:(输入另一行文本或按 Enter 键) 如果选择"多行文字(M)"选项,将打开多行文字编辑器,从中输入、编辑多行文字。输入完毕后直接按 Enter 键,将结束 qLeader 命令并把多行文本标注在指引线的末端附近
设置(S)	在上面的提示下直接按 Enter 键或输入 S,将打开如图 8-14 所示的"引线设置"对话框,允许对引线标注进行设置。该对话框包含如下 3 个选项卡。 "注释"选项卡,如图 8-14 所示,用于设置引线标注中注释文本的类型、多行文本的格式,并确定注释文本是否多次使用。 "引线和箭头"选项卡,如图 8-15 所示,用来设置引线标注中指引线和箭头的形式。其中,"点数"选项组用于设置执行 qLeader 命令时 AutoCAD 提示输入的点的数目。注意,设置的点数要比希望的指引线的段数多 1。可利用微调框进行设置。如果选中"无限制"复选框,AutoCAD 会一直提示输入点直到连续按 Enter 键两次为止。 "角度约束"选项组用于设置第一段和第二段指引线的角度约束。 "附着"选项卡,如图 8-16 所示,用来设置注释文本和指引线的相对位置。如果最后一段指引线指向右边,AutoCAD 自动把注释文本放在右侧;如果最后一段指引线指向左边,AutoCAD 自动把注释文本放在左侧。利用该选项卡中左侧和右侧的单选按钮,分别设置位于左侧和右侧的注释文本与最后一段指引线的相对位置,二者可相同,也可不同

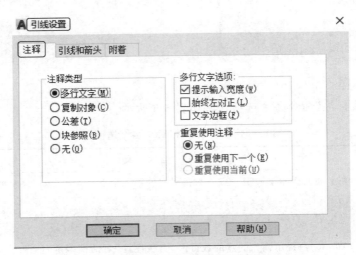

图 8-14　"引线设置"对话框的"注释"选项卡

Note

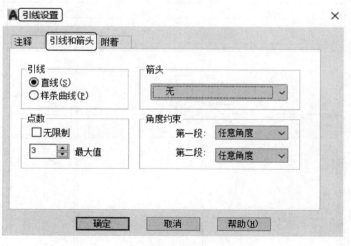

图 8-15 "引线和箭头"选项卡

8-1

图 8-16 "附着"选项卡

8.3 实例精讲——标注居室平面图尺寸

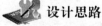 **练习目标**

标注如图 8-17 所示的居室平面图尺寸。通过上述基础知识的讲解,结合实例巩固本章学到的知识。

设计思路

首先绘制图形,其次设置标注样式,最后进行尺寸标注。

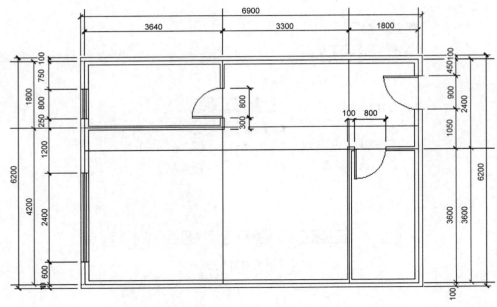

图 8-17　标注居室平面图尺寸

8.3.1　绘制居室平面图

利用直线、多线、矩形、圆弧命令以及镜像、复制、偏移、倒角、旋转等编辑命令绘制图形，如图 8-18 所示。

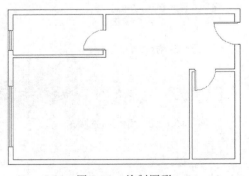

图 8-18　绘制图形

8.3.2　标注尺寸

（1）单击"默认"选项卡"注释"面板中的"标注样式"按钮 ，系统打开"标注样式管理器"对话框，如图 8-19 所示。单击"新建"按钮，在打开的"创建新标注样式"对话框中设置新样式名为"S_50_轴线"；单击"继续"按钮，打开"新建标注样式"对话框。在"符号和箭头"选项卡中，设置箭头为"建筑标记"，如图 8-20 所示，其他参数按默认设置，完成后确认退出。

Note

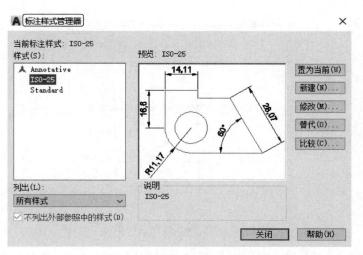

图 8-19 "标注样式管理器"对话框

图 8-20 设置"符号和箭头"选项卡

（2）首先将"S_50_轴线"样式置为当前状态，并把墙体和轴线的上侧放大显示，如图 8-21 所示；然后，单击"注释"选项卡"标注"面板中的"快速"按钮，当命令行提示"选择要标注的几何图形"时，依次选中竖向的 4 条轴线，右击确定选择，向外拖动鼠标到适当位置确定，该尺寸就标好了，如图 8-22 所示。

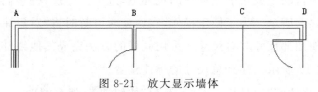

图 8-21 放大显示墙体

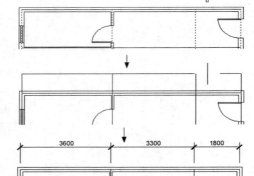

图 8-22　水平标注操作过程示意图

（3）单击"注释"选项卡"标注"面板中的"快速"按钮 ⊞，完成竖向轴线尺寸的标注，结果如图 8-23 所示。

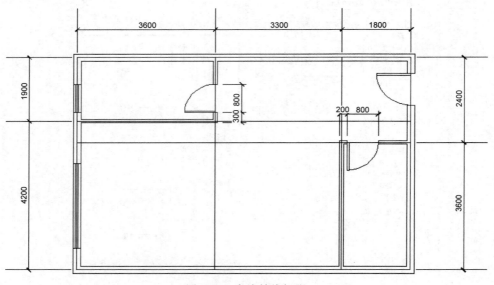

图 8-23　完成轴线标注

（4）对于门窗洞口尺寸，有的地方用"快速标注"不太方便，现改用"线性标注"。单击"默认"选项卡"注释"面板中的"线性"按钮⊢⊣，依次选择尺寸的两个界线源点，完成每一个需要标注的尺寸，结果如图 8-24 所示。

（5）对于其中自动生成指引线标注的尺寸值，选中尺寸值，将它们逐个调整到适当位置，结果如图 8-25 所示。为了便于操作，在调整时可暂时将"对象捕捉"功能关闭。

（6）设置其他细部尺寸和总尺寸。采用同样的方法完成其他细部尺寸和总尺寸的标注，结果如图 8-17 所示。注意总尺寸的标注位置。

（7）选择"快速访问"工具栏中的"另存为"按钮 💾，保存图形。

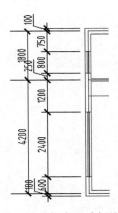

图 8-24　门窗尺寸标注

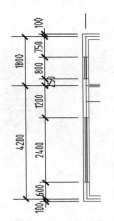

图 8-25　门窗尺寸调整

命令：Saveas↙（将绘制完成的图形以"标注居室平面图尺寸.dwg"为文件名保存在指定的路径中）

第9章

快速绘图工具

本章导读

为了方便绘图，提高绘图效率，AutoCAD 提供了一些快速绘图工具，包括图块及其图块属性、设计中心、工具选项板等。这些工具的一个共同特点是可以将分散的图形通过一定的方式组织成一个单元，在绘图时将这些单元插入图形中，达到提高绘图速度和图形标准化的目的。

学习要点

◆ 查询工具
◆ 图块

9.1　查　询　工　具

9.1.1　距离查询

1. 执行方式

命令行：MEASUREGEOM。

菜单栏：选择菜单栏中的"工具"→"查询"→"距离"命令。

工具栏：单击"查询"工具栏中的"距离"按钮 ▦ 。

功能区：单击"默认"选项卡"实用工具"面板中的"距离"按钮 ▦ 。

2. 操作格式

命令：MEASUREGEOM
输入一个选项 [距离(D)/半径(R)/角度(A)/面积(AR)/体积(V)/快速(Q)/模式(M)/退出(X)]<距离>：
指定第一点：
指定第二个点或 [多个点(M)]：
距离 = 65.3123,XY 平面中的倾角 = 0, 与 XY 平面的夹角 = 0
X 增量 = 65.3123, Y 增量 = 0.0000, Z 增量 = 0.0000

3. 选项说明

"距离查询"命令各个选项含义如表 9-1 所示。

表 9-1　"距离查询"命令各个选项含义

选　项	含　义
多点	如果使用此选项，将基于现有直线段和当前橡皮线即时计算总距离

9.1.2　面积查询

1. 执行方式

命令行：MEASUREGEOM。

菜单栏：选择菜单栏中的"工具"→"查询"→"面积"命令。

工具栏：单击"查询"工具栏中的"面积"按钮 ▱ 。

功能区：单击"默认"选项卡"实用工具"面板中的"面积"按钮 ▱ 。

2. 操作格式

命令：MEASUREGEOM
输入一个选项[距离(D)/半径(R)/角度(A)/面积(AR)/体积(V)/快速(Q)/模式(M)/退出(X)]<距离>：_area
指定第一个角点或[对象(O)/增加面积(A)/减少面积(S)/退出(X)]<对象(O)>:选择对象

3．选项说明

在工具选项板中，系统设置了一些常用图形的选项卡，这些选项卡可以方便用户绘图。"面积查询"命令各个选项含义如表 9-2 所示。

表 9-2　"面积查询"命令各个选项含义

选 项	含 义
指定角点	计算由指定点所定义的面积和周长
增加面积	打开"加"模式，并在定义区域时即时保持总面积
减少面积	从总面积中减去指定的面积

9.2　图　块

把多个图形对象集合起来成为一个对象，这就是图块。它既方便于图形的集合管理，也方便于一些图形的重复使用，还可以节约磁盘空间。图块在绘图实践中应用广泛，例如门窗、家具图形，若进一步制作成图块，则要方便得多。本节首先介绍图块操作的基本方法，其次着重讲解图块属性和图块在建筑制图中的应用。实例如图 9-1 所示。

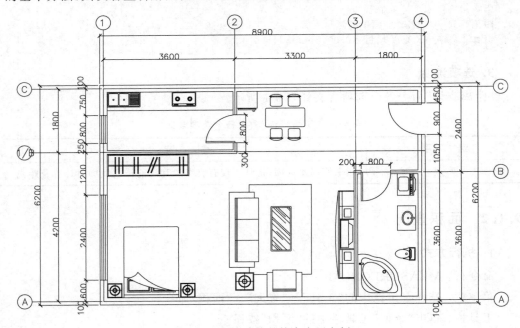

图 9-1　图块功能的综合应用实例

9.2.1　定义图块

1．执行方式

命令行：Block。

菜单栏：选择菜单栏中的"绘图"→"块"→"创建"命令。

工具栏：单击"绘图"工具栏中的"创建块"按钮 。

功能区：单击"默认"选项卡"块"面板中的"创建块"按钮 ，或单击"插入"选项卡"块定义"面板中的"创建块"按钮 。

2．操作格式

命令：block(弹出"块定义"对话框,如图 9-2 所示)
指定插入基点：(选择以插入点)
选择对象：(选择要定义块的图形)
选择对象：退出

块定义时，首先将图形绘制好，然后执行"块定义"命令，弹出"块定义"对话框，如图 9-2 所示，给出"名称""基点""对象"及其他参数，确定后完成块定义。

图 9-2　"块定义"对话框

9.2.2　上机练习——组合沙发图块

 练习目标

通过实例学习重点掌握如何定义图块。

 设计思路

打开源文件中的"建筑基本图元.dwg"文件，将绘好的组合沙发定义成图块。

操作步骤

（1）单击"默认"选项卡"块"面板中的"创建块"按钮 ，弹出"块定义"对话框。

（2）单击"选择对象"按钮，框选组合沙发，右击回到对话框。

（3）单击"拾取点"按钮，用鼠标捕捉沙发靠背中点作为基点，右击返回。

（4）在"名称"下拉列表中输入名称"组合沙发"，然后确定完成。

结果如图 9-3 所示。

9-1

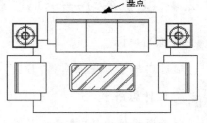

图 9-3　组合沙发图块

创建块后，松散的沙发图形就成为一个单独的对象。此时，该图块存在于"建筑基本图元.dwg"文件中，随文件的保存而保存。

读者可以尝试将其他图形创建块。

9.2.3 写块

1. 执行方式

命令行：WBLOCK。

2. 操作格式

命令：WBLOCK(弹出"写块"对话框，如图9-4所示)
指定插入基点：(选择一个点作为基点)
选择对象:指定对角点：(选中图形)
选择对象:退出

"写块"命令除了具有块定义的功能，还可以将块作为一个文件保存。执行"写块"命令，弹出"写块"对话框，如图9-4所示。给出"基点""对象"及其他参数，确定后完成块的保存。

图 9-4 "写块"对话框

9.2.4 上机练习——创建"餐桌"图块文件

 **练习目标**

通过实例学习重点掌握"写块"命令的使用方法。

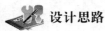 **设计思路**

打开源文件中的"建筑基本图元.dwg"，将文件中的"餐桌"定义成图块保存。

操作步骤

（1）选中餐桌全部图形，将它置换到"0"图层，并把"0"层设置为当前图层。

（2）在命令行输入"wblock"命令，弹出"写块"对话框。单击"选择对象"按钮，框选餐桌，右击回到对话框。

（3）单击"拾取点"按钮，用鼠标捕捉餐桌中部弧线中点作为基点，右击返回。

（4）在"目标"选项组中指定文件名及路径，确定完成。

此外，也可以先分别将单个椅子和桌子用"块定义"命令生成块，然后将椅子沿周边布置，最后将二者定义成块，这叫作"块嵌套"。

9.2.5 图块插入

1. 执行方式

命令行：Insert。

菜单栏：选择菜单栏中的"插入"→"块"命令。

工具栏：单击"插入"工具栏中的"插入块"按钮 或单击"绘图"工具栏中的"插入块"按钮 。

功能区：单击"默认"选项卡"块"面板中的"插入"下拉菜单或单击"插入"选项卡"块"面板中的"插入"下拉菜单中"其他图形的块"选项，如图 9-5 所示。

2. 操作格式

命令: insert （弹出"块"选项板，如图 9-6 所示）
指定插入点或[基点(B)/比例(S)/旋转(R)]:(在屏幕上指定一点作为插入点)

图 9-5 "插入"下拉菜单

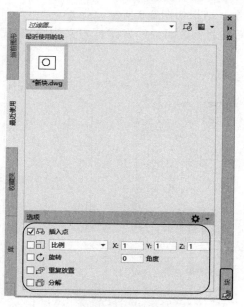

图 9-6 "块"选项板

块插入操作,可以从当前文件中插入已创建的块,也可以插入"写块"命令生成的图块文件。执行"块插入"命令,弹出"块"选项板;首先找到待插入对象,然后给出插入点、比例、转角等参数,即可插入指定位置,如图9-6所示。

9.2.6 上机练习——用插入命令布置居室

 练习目标

通过实例学习重点掌握"插入"图块命令的使用方法。

 设计思路

利用源文件中的"居室平面图",采用"插入"命令布置居室。

操作步骤

（1）确定"家具"层为当前图层,暂时不必要的图层（如"文字""尺寸"）做冻结处理。将居室客厅部分放大显示,以便进行插入操作。

（2）单击"默认"选项卡"块"面板中的"插入"按钮,单击"组合沙发"图块,将图块插入绘图区中（图9-7）。

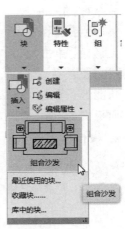

（3）插入位置、角度如图9-8所示,点击确定完成插入操作。

（4）由于客厅较小,沙发上端小茶几和单人沙发应该去掉,操作步骤是:单击"默认"选项卡"修改"面板中的"分解"按钮 ⌗ ,将沙发分解开,删除这两部分,然后将地毯部分补全。结果如图9-9所示。

（5）重新将修改后的沙发图形定义为图块,完成沙发布置。

图9-7 插入"组合沙发"图块

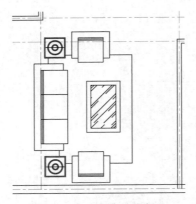

图9-8 完成组合沙发插入

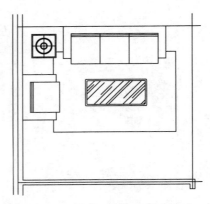

图9-9 修改"组合沙发"图块

（6）重复"插入"命令,选择"餐桌.dwg"图块,如图9-10所示,单击"餐桌"图块,将它放置在绘图区的餐厅位置。

Note

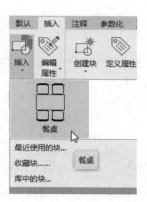

图 9-10 插入"餐桌"图块

结果如图 9-11 所示。这就是"块插入"调用图块文件的情形。

通过"块插入"命令布置居室就介绍到此。剩余的家具图块均存在于"建筑基本图元.dwg"文件中,读者可参照图 9-12 自己完成。

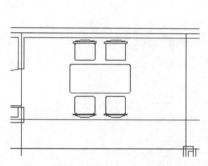

图 9-11 完成"餐桌"图块插入

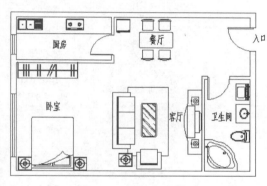

图 9-12 居室室内布置

提示:(1)创建图块之前,宜将待建图形放置到"0"图层上,这样生成的图块插入其他图层时,其图层特性跟随当前图层自动转化,例如前面制作的餐桌图块。如果图形不放置在 0 层,制作的图块插入其他图形文件时,将携带原有图层信息进入。

(2)建议将图块图形以 1∶1 的比例绘制,以便插入图块时的比例缩放。

9.2.7 图块的属性

块的属性是指将数据附着到块上的标签或标记,它需要单独定义,然后和图形捆绑在一起创建成为图块。块属性可以是常量属性,也可以是变量属性。常量属性在插入块时不提示输入值。插入带有变量属性的块时,会提示用户输入要与块一同存储的数据。此外,还可以将从图形中提取的属性信息用于电子表格或数据库,以生成构建列表或材料清单等。只要每个属性的标记都不相同,就可以将多个属性与块关联。属性也可以"不可见",即不在图形中显示出来。不可见属性不能显示和打印,但其属性信息存储在图形文件中,并且可以写入提取文件供数据库程序使用。

1．执行方式

命令行：attdef。

菜单栏：选择菜单栏中的"绘图"→"块"→"定义属性"命令。

功能区：单击"插入"选项卡"块定义"面板中的"定义属性"按钮 ◈，或单击"默认"选项卡"块"面板中的"定义属性"按钮 ◈。

2．操作格式

命令：attdef(弹出"属性定义"对话框)

执行"定义属性"命令，弹出"属性定义"对话框（图 9-13），下面对对话框内的含义进行说明。

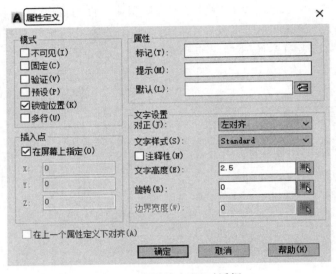

图 9-13　"属性定义"对话框

3．选项说明

"属性定义"对话框各个选项含义如表 9-3 所示。

表 9-3　"属性定义"对话框各个选项含义

选　　项	含　　义
"模式"选项组	"模式"是指图块属性存在的方式。"不可见"指属性不在插入后的图块中显示，但可以被提取成为数据库；"固定"表示属性值为常量；"验证"指在命令行输入属性值后重复显示进行验证；"预设"表示当插入图块时，自动将事先设置好的默认值赋予属性，此后便不再提示输入属性值
"属性"选项组	"属性"选项组中，在"标记"文本框中输入属性的标签，它非属性本身；在"提示"文本框中输入属性值输入前的提示用语；在"默认"文本框中输入默认值
"文字设置"选项组	在"文字设置"选项组中设置属性值文字的位置、字高和字样等

9.2.8 修改属性的定义

在定义图块之前,可以对属性的定义加以修改,不仅可以修改属性标签,还可以修改属性提示和属性默认值。文字编辑命令的调用方法有如下两种。

命令行:DDEDIT(缩写:ED)。

菜单栏:选择菜单栏中的"修改"→"对象"→"文字"→"编辑"命令。

执行上述操作之一后,根据系统提示选择要修改的属性定义,AutoCAD 打开"编辑属性定义"对话框,如图 9-14 所示;该对话框表示要修改的属性的标记为"轴号",提示为"输入轴号",无默认值,可在各文本框中对各项进行修改。

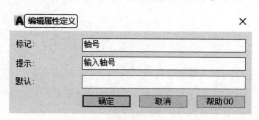

图 9-14 "编辑属性定义"对话框

9.2.9 图块属性编辑

当属性被定义到图块当中,甚至图块被插入图形当中之后,用户还可以对属性进行编辑。利用 ATTEDIT 命令可以通过对话框对指定图块的属性值进行修改;利用 ATTEDIT 命令不仅可以修改属性值,而且可以对属性的位置、文本等其他设置进行编辑。

1. 执行方式

命令行:ATTEDIT(缩写:ATE)。

菜单栏:选择菜单栏中的"修改"→"对象"→"属性"→"单个"命令。

工具栏:单击"修改Ⅱ"工具栏中的"编辑属性"按钮 ⌨ 。

功能区:单击"默认"选项卡"块"面板中的"编辑属性"按钮 ⌨ 。

2. 操作步骤

执行上述操作之一后,根据系统提示选择块参照,同时光标变为拾取框,选择要修改属性的图块,则 AutoCAD 打开如图 9-15 所示的"编辑属性"对话框;该对话框中显示出所选图块中包含的前八个属性的值,可对这些属性值进行修改。如果该图块中还有其他的属性,可单击"上一个"和"下一个"按钮对它们进行观察和修改。

当用户通过菜单栏或工具栏执行上述命令时,系统打开"增强属性编辑器"对话框,如图 9-16 所示。通过该对话框不仅可以编辑属性值,还可以编辑属性的文字选项和图层、线型、颜色等特性值。

另外,还可以通过"块属性管理器"对话框来编辑属性,方法如下:单击"默认"选项卡"块"面板中的"块属性管理器"按钮 ▦ ,系统打开"块属性管理器"对话框,如图 9-17 所示。单击"编辑"按钮,系统打开"编辑属性"对话框,如图 9-18 所示,可以通过该对话框编辑属性。

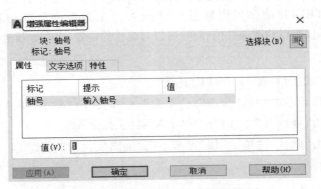

图 9-15 "编辑属性"对话框

图 9-16 "增强属性编辑器"对话框

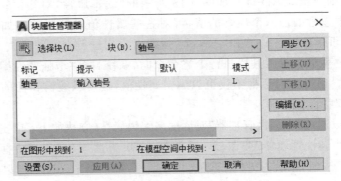

图 9-17 "块属性管理器"对话框

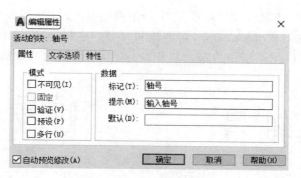

图 9-18 "编辑属性"对话框

9-4

9.2.10 上机练习——标注轴线编号

 练习目标

通过实例学习重点掌握图块属性编辑的使用方法。

 设计思路

利用源文件中的"居室平面图 2",首先设置属性定义,然后将定义好的图块写块,继续利用"插入"命令标注剩余的轴线编号。

 操作步骤

1. 制作轴号

（1）将"0"层设置为当前层。

（2）绘制一个直径为 800mm 的圆。

（3）单击"默认"选项卡"块"面板中的"定义属性"按钮 ,将"属性定义"对话框按照图 9-19 所示进行设置。

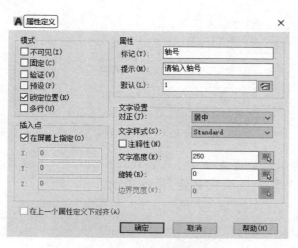

图 9-19 "轴号"属性设置

（4）单击"确定"按钮后，将"轴号"二字指定到圆圈内，如图 9-20 所示。

（5）执行"写块"（WBlock）命令，将圆圈和"轴号"字样全部选中，以圆上一点为基点（也可是其他点，以便于定位为准），将图块保存，文件名为"800mm 轴号.dwg"，如图 9-21 所示。

图 9-20　将"轴号"二字指定到圆圈内

图 9-21　"基点"选择

下面把"尺寸"层设置为当前图层，将轴号图块插入居室平面图中轴线尺寸超出的端点上。

（6）单击"默认"选项卡"块"面板中的"插入"下拉菜单中的"最近使用的块"选项，打开"块"选项板，单击"800mm 轴号"图块，将图块插入绘图区中，如图 9-22 所示。

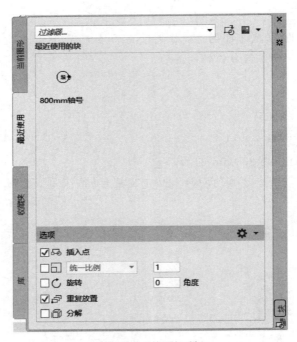

图 9-22　"块"选项板

（7）将轴号图块定位在左上角第一根轴线尺寸端点上，在该端点处单击，打开"编辑属性"对话框，输入数字 1，单击"确定"按钮退出。

```
命令: INSERT ↙
指定插入点或[基点(B)/比例(S)/旋转(R)/预览比例(PS)/预览旋转(PR)]:
输入属性值
请输入轴号: 1 ↙
```

结果如图 9-23 所示。

同理,可以标注其他轴号。也可以复制轴号①到其他位置,通过属性编辑来完成。下面介绍通过复制轴号来完成轴线编号的方法。

2. 编辑轴号

(1) 将轴号①逐个复制到其他轴线尺寸端部。

(2) 双击轴号,打开"增强属性编辑器"对话框;修改相应的属性值,完成所有的轴线编号。结果如图 9-24 所示。

图 9-23　①号轴线

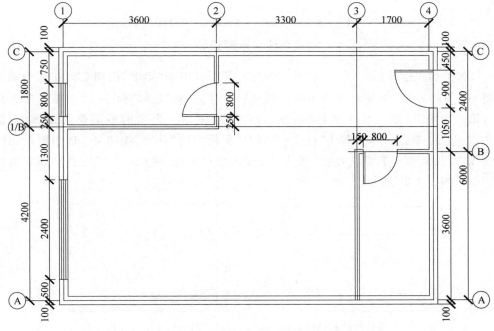

图 9-24　完成轴线编号

9.3　实例精讲——图框制作

练习目标

利用图块及其属性功能来制作图框,一方面能重复使用图框,另一方面可以在插入图框时根据图幅大小及时调整比例,同时输入设计单位名称、工程名称、图名、图号、日期等文字,一并生成所需的图框,即便后期修改,也是很方便的。此外,如果建筑师事先整理出一个常用图库,则会给设计工作带来很大的便利,免得"图到用时方恨少"。图库不一定要很大,但是要力求制作科学、齐全、精简、通用。

设计思路

图框制作的思路如下:首先用 AutoCAD 2022 绘制出图框线、标题栏、会签栏,并

9-5

写入固定文字,将它们分别做成单个图块;其次,在标题栏空格处依次定义变量属性;最后,用"写块"(WBLOCK)命令将它们整体转化为图块文件。图框制作可在一个单独的图层中进行,也可在 0 层中进行。所有图形、文字以 1:1 的比例制作,以便全局比例的调整。下面以横式 A3 图框为例进行讲解,其他图幅的图框可如法炮制。

操作步骤

1. 图框制作

(1)建立图层:新建"图框"图层,参数如图 9-25 所示,置为当前图层。如在 0 层制作,则不需要此步骤。

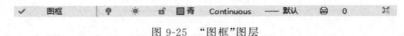

图 9-25 "图框"图层

(2)绘制图框线:单击"默认"选项卡"绘图"面板中的"矩形"按钮 □,在适当位置绘制一个 420×297 的矩形作为图幅边缘线;然后,重复"矩形"命令,以该矩形左下角点为第一个角点,输入相对坐标"@390,287",绘制出一个新的矩形作为图框线,如图 9-26 所示;最后,单击"默认"选项卡"修改"面板中的"移动"按钮 ✢,选中刚绘制的图框线,以该矩形左下角点为第一个角点,输入相对坐标"@25,5",将它移动到正确位置。结果如图 9-27 所示。

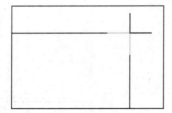

图 9-26 图框线绘制操作示意   图 9-27 定位图框线

(3)线宽设置:根据国家规范的要求,将图框线的宽度设为 1.0mm,外边缘线宽度设为 0.35mm。具体操作是用鼠标选中外边缘线,将"线宽"设置为"0.35mm",如图 9-28 所示。

采用同样的方法设置图框线的宽度为 1.0mm。

提示:如果要察看线宽效果,则选择菜单栏中"格式"→"线宽"命令,弹出"线宽设置"对话框,如图 9-29 所示;选中"显示线宽"复选框,确定后,即可显示。建议将其中的显示比例调到最小,以免线宽显示太宽而不利于操作。也可以在状态栏处单击"线宽"按钮实现切换。

(4)创建"图框线"图块:单击"默认"选项卡"块"面板中的"创建"按钮 ◰,将边缘线和图框线创建为一个图块。

(5)绘制标题栏:在符合制图规范要求的前提下,标题栏的形式可以是多样的。此处以图 9-30 所示的标题栏进行说明。

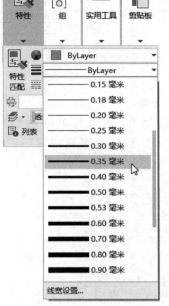

图 9-28 线宽设置　　　　　　　图 9-29 显示线宽设置

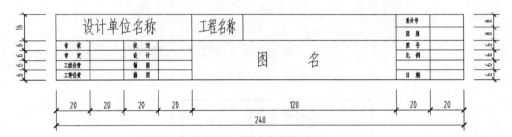

图 9-30　标题栏样式

　　首先在适当区域绘制一条长为 40 的垂直线,用"偏移"命令依次向右偏移复制,完成所有的垂直线条。

　　其次采用类似的方法,绘制出全部水平线条,形成一个纵横网格。

　　最后将"设计单位名称""工程名称""图名"区域的多余线条用"默认"选项卡"修改"面板中的"修剪"按钮 修剪掉,最终形成标题栏表格。

　　(6)标注文字:单击"默认"选项卡"注释"面板中的"多行文字"按钮 **A**,如图 9-30 所示,在表格中填写"制图""设计""校对""审核""比例""图号""日期"等字样,字高为 3.5mm;"工程名称"字高为 5.0mm。注意"设计单位名称""图名"两项暂且不填。结果如图 9-31 所示。

　　(7)线宽设置及创建图块:首先,将标题栏外框线宽度设为 0.7mm,内部线条设为 0.35mm;然后,单击"默认"选项卡"块"面板中的"创建"按钮 ,将整个标题栏创建为一个图块。

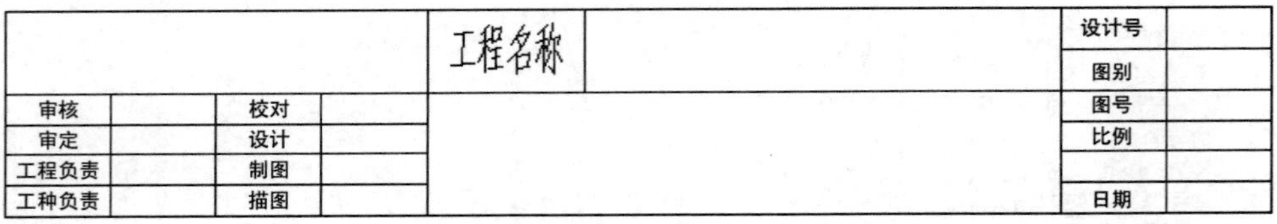

		工程名称		设计号	
				图别	
审核		校对		图号	
审定		设计		比例	
工程负责		制图			
工种负责		描图		日期	

图 9-31　标题栏标注文字

（8）标题栏定位：将"标题栏"图块定位到图框右下角。

（9）定义属性：首先定义"设计单位名称"变量属性，即执行菜单栏"绘图"→"块"→"定义属性"命令，设置对话框，如图 9-32 所示；确定后，用鼠标在标题栏设计单位名称处插入属性标签。结果如图 9-33 所示。

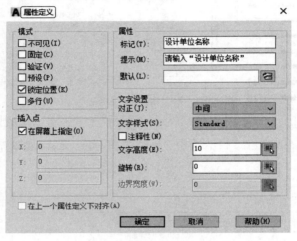

图 9-32　属性定义设置

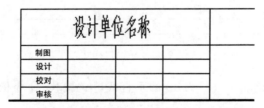

设计单位名称		
制图		
设计		
校对		
审核		

图 9-33　属性"设计单位名称"

同理，逐项定义其他属性，其他选项设置与图 9-32 相同。结果如图 9-34 所示。

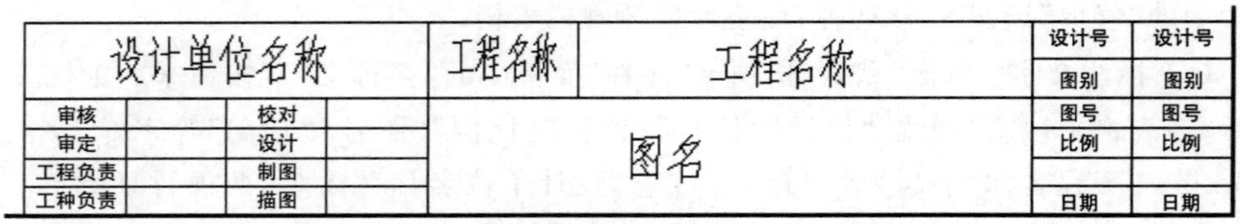

设计单位名称		工程名称	工程名称		设计号	设计号
					图别	图别
审核		校对			图号	图号
审定		设计	图名		比例	比例
工程负责		制图				
工种负责		描图			日期	日期

图 9-34　定义属性

（10）会签栏绘制：如图 9-35 所示，绘制会签栏，标注文字，字高设为 3.5mm，全部线宽设为 0.35mm；然后，将其创建为图块，定位到图框左上角。会签栏中不做属性定义。

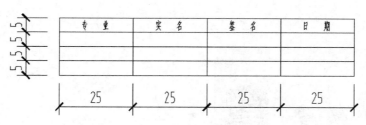

图 9-35 会签栏样式

（11）A3 图框建块保存：选择"写块"（WBLOCK）命令，将图框线、标题栏、会签栏及属性变量一起选中，取边缘线左下角点为基点，将图框块保存，命名为"A3 横式.dwg"。

到此为止，包含属性的 A3 图框就制作好了。本图框不包括对中标志和米制尺度。需要微缩复制的图纸，其一个边上应附有一段准确米制尺度，4 个边上均附有对中标志，米制尺度的总长应为 100mm，分格应为 10mm。对中标志应画在图纸各边长的中点处，线宽应为 0.35mm，伸入框内应为 5mm。

2．插入图框

现在为居室平面图插入 A3 图框，操作如下：单击"默认"选项卡"块"面板中的"插入"按钮 ，找到"A3 横式.dwg"，将图框插入图形中，其中"缩放比例"设置为 50，其余选项不变，结果如图 9-36 所示。

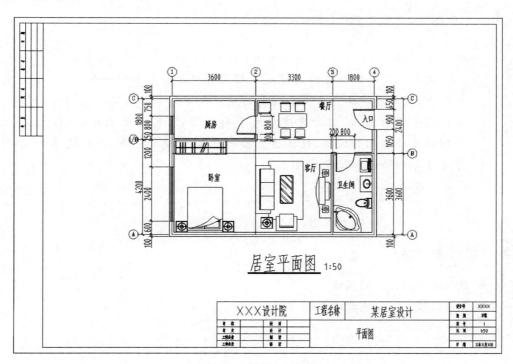

图 9-36 插入 A3 图框

第 **10** 章

绘制建筑总平面图

本章导读

　　建筑总平面规划设计是建筑工程设计中比较重要的一个环节，一般情况下，建筑总平面包含多种功能的建筑群体。本章主要以别墅和商住楼的总平面为例，详细论述建筑总平面的设计，及运用 AutoCAD 2022绘制的方法与相关技巧，包括总平面中的场地、建筑单体、小区道路和文字尺寸等的绘制和标注方法。

学习要点

◆ 建筑总平面图绘制概述
◆ 某商住楼总平面图的绘制

10.1　建筑总平面图绘制概述

将拟建工程四周一定范围内的新建、拟建、原有和拆除的建筑物、构筑物连同其周围的地形和地物情况,用水平投影的方法和相应的图例所画出的图样,称为总平面图或总平面布置图。

10.1.1　总平面图绘制概述

总平面图用来表达整个建筑基地的总体布局,以及新建建筑物和构筑物的位置、朝向及周边环境关系,这也是总平面图的基本功能。总平面专业设计成果包括设计说明书、设计图纸以及合同规定的鸟瞰图、模型等。总平面图只是其中的设计图纸部分,在不同的设计阶段,总平面图除了具备其基本功能,还表达了设计意图的不同深度和倾向。

在方案设计阶段,总平面图着重体现新建建筑物的体积、形状及周边道路、房屋、绿地、广场和红线之间的空间关系,同时展示室外空间的设计效果。因此,总平面图在具有必要的技术性的基础上,还应强调艺术性的体现。就目前情况来看,除了绘制 CAD 线条图,还需对线条图进行套色、渲染处理,或制作鸟瞰图、模型等。

在初步设计阶段,需要推敲总平面设计中涉及的各种因素和环节(如道路红线、建筑红线或用地界线、建筑控制高度、容积率、建筑密度、绿地率、停车位数以及总平面布局、周围环境、空间处理、交通组织、环境保护、文物保护、分期建设等),以及方案的合理性、科学性和可实施性,从而进一步准确落实各项技术指标,深化竖向设计,为施工图设计做准备。

10.1.2　建筑总平面图中的图例说明

建筑总平面图中的图例说明如下。

(1) 新建的建筑物:采用粗实线表示,如图 10-1 所示。需要时可以在右上角用点或数字来表示建筑物的层数,如图 10-2 和图 10-3 所示。

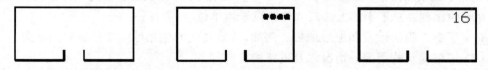

图 10-1　新建建筑物图例　　图 10-2　以点表示层数(4 层)　　图 10-3　以数字表示层数(16 层)

(2) 旧有的建筑物:采用细实线表示,如图 10-4 所示。同新建建筑物图例一样,也可以在右上角用点或数字来表示建筑物的层数。

(3) 计划扩建的预留地或建筑物:采用虚线来表示,如图 10-5 所示。

(4) 拆除的建筑物:采用打上叉号的细实线表示,如图 10-6 所示。

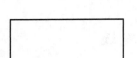

图 10-4　旧有建筑物图例

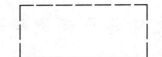

图 10-5　计划扩建的建筑物图例

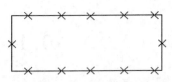

图 10-6　拆除的建筑物图例

（5）坐标：图 10-7 和图 10-8 所示为两种不同的坐标表示方法。

图 10-7　测量坐标图例

图 10-8　施工坐标图例

（6）新建的道路：如图 10-9 所示，其中，R8 表示道路的转弯半径为 8m，30.10 为路面中心的标高。

（7）旧有的道路：图 10-10 所示为旧有的道路图例。

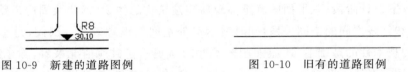

图 10-9　新建的道路图例　　　　　　　　　　　图 10-10　旧有的道路图例

（8）计划扩建的道路：图 10-11 所示为计划扩建的道路图例。

（9）拆除的道路：图 10-12 所示为拆除的道路图例。

图 10-11　计划扩建的道路图例　　　　　　　　图 10-12　拆除的道路图例

10.1.3　阅读建筑总平面图

阅读建筑总平面图，应了解以下内容。

（1）了解图样比例、图例和文字说明。总平面图所体现的范围一般比较大，所以要采用比较小的比例。一般情况下，1∶500 算是最大的比例，可以使用 1∶1000 或 1∶2000 的比例。总平面图上的尺寸标注以米为单位。

（2）了解工程的性质和地形地貌。例如，从等高线的变化可以知道地势的走向。

（3）了解建筑物周围的情况以及道路的走向等。

（4）明确建筑物的位置和朝向。房屋的位置可以用定位尺寸或坐标来确定。定位尺寸应标注出其与原建筑物或道路中心线的距离。当采用坐标来表示建筑物的位置时，宜标注出房屋的 3 个角的坐标。建筑物的朝向可以根据图中所画的风玫瑰图来确定。风玫瑰图中箭头的方向为北向。

（5）从图中所标注的底层地面和等高线的标高，可知该区域的地势高低、雨水排向，并可以计算挖填土方的具体数量。

10.1.4　标高投影

总平面图中的等高线就是一种立体的标高投影。所谓标高投影，就是在形体的水平投影上，以数字标注出各处的高度，来表示形体的形状的一种图示方法。

众所周知，地形对建筑物的布置和施工都有很大的影响。一般情况下，施工之前都要对地形进行人工改造，如平整场地和修建道路等，因此要在总平面图上把建筑物周围的地形表示出来。如果采用正投影、轴测投影等方法来表示，则无法表示出复杂地形的形状，因此，需要采用标高投影法来表示这种复杂的地形。

总平面图中的标高是绝对标高。所谓绝对标高，就是以我国青岛市外的黄海海平面作为零点来测定的高度尺寸。在标高投影中，一般通过画出立体上的平面或曲面上的等高线来表示该立体。山地一般都是不规则的曲面，就是以一系列整数标高的水平面与山地相截，把所截得的等高截交线正投影到水平面上，在所得的一系列的不规则形状的等高线上标注相应的标高值即可，所得的图形一般称为地形图。

10.1.5　建筑总平面图绘制步骤

一般情况下，使用 AutoCAD 绘制总平面图的步骤如下。

（1）地形图的处理：包括地形图的插入、描绘、整理、应用等。地形图是总平面图绘制的基础，包括三方面的内容，一是图廓处的各种标记，二是地物和地貌，三是用地范围。

（2）总平面布置：包括建筑物、道路、广场、停车场、绿地、场地出入口等的布置，需要着重处理好它们之间的空间关系，及其与四邻、水体、地形之间的关系。本章将以某别墅和商住楼的方案设计总平面图为例着重讲解总平面的布置方法。

（3）各种文字及标注：包括文字、尺寸、标高、坐标、图表、图例等。

（4）布图：包括插入图框、调整图面等。

10.2　某商住楼总平面图的绘制

商住楼的特点是亦商亦住，一般底层作为商铺或写字间，上层作为住宅。这种建筑一般适合于中小城市交通很方便的非商业核心区或大城市不繁华的街道区域。它属于一种比较灵活、方便业主改变使用形态的建筑形式。由于受使用环境所限，这种建筑一般以低层建筑为主。

10-1

下面以如图 10-13 所示的商住楼总平面图的绘制过程为例，深入讲解各种不同结构类型的建筑总平面图的绘制方法与技巧。

10.2.1　建筑物布置

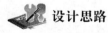 设计思路

本节将介绍建筑物布置的过程，其基本思路如下：首先利用"多线"命令绘制基本建筑物轮廓，然后利用"直线""偏移"等命令绘制辅助线来定位建筑物。

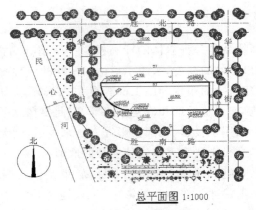

总平面图 1:1000

图 10-13　商住楼总平面图

操作步骤

1．设置图层

根据图样内容，按照将不同图样划分到不同图层中的原则设置图层，其中包括设置图层名、图层颜色、线型、线宽等。设置时要考虑线型、颜色的搭配和协调。本例图层的设置如图 10-14 所示。

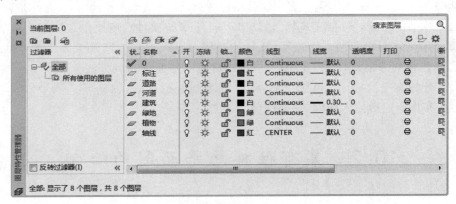

图 10-14　图层的设置

2．绘制建筑物轮廓

绘制建筑物轮廓的步骤如下。

（1）绘制轮廓线。将"建筑"图层设置为当前图层。单击"默认"选项卡"绘图"面板中的"多段线"按钮 ，绘制建筑物周边的可见轮廓线。

（2）加粗轮廓线。选中多段线，按 Ctrl＋1 组合键，打开"多段线"特性选项板，如图 10-15 所示。通过在"几何图形"卷展栏中设置"全局宽度"，或在"常规"卷展栏中设置"线宽"来加粗轮廓线。结果如图 10-16 所示。

3．建筑物定位

可以根据坐标来定位建筑物，即根据国家大地坐标系或测量坐标系引出定位坐标。对于建筑物定位，一般至少应给出 3 个角点坐标。这种方式精度高，但比较复杂。

Note

图 10-15 "多段线"特性选项板

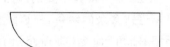

图 10-16 加粗轮廓线

用户也可以根据相对距离来进行建筑物定位,即参照已有的建筑物和构筑物、场地边界、围墙、道路中心等的边缘位置,以相对距离来确定新建筑物的设计位置。这种方式比较简单,但精度低。本例中商住楼临街外墙与街道平行,以外墙定位轴线为定位基准,采用相对距离进行定位比较方便。

(1)绘制辅助线。将"轴线"图层设置为当前图层。单击"默认"选项卡"绘图"面板中的"直线"按钮 ╱ ,绘制一条水平中心线和一条竖直中心线。单击"默认"选项卡"修改"面板中的"偏移"按钮 ⊆ ,将水平中心线向上偏移 64000,将竖直中心线向右偏移 77000,形成道路中心线。结果如图 10-17 所示。

(2)定位建筑物。单击"默认"选项卡"修改"面板中的"偏移"按钮 ⊆ ,将下侧的水平中心线向上偏移 17000,将右侧的竖直中心线向左偏移 10000。单击"默认"选项卡"修改"面板中的"移动"按钮 ✛ ,移动建筑物轮廓线。结果如图 10-18 所示。

图 10-17 绘制道路中心线

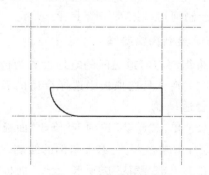

图 10-18 建筑物定位

10.2.2　场地道路、绿地等布置

设计思路

本节分为五部分绘制,其基本思路是依次绘制道路、河道、街头花园,绘制已有建筑物,布置绿化。

操作步骤

1. 绘制道路

绘制道路的具体步骤如下。

(1)将"道路"图层设置为当前图层。

(2)单击"默认"选项卡"修改"面板中的"偏移"按钮 ⊆ ,将最下侧的水平中心线分别向两侧偏移6000,将其余的中心线分别向两侧偏移5000,选择所有偏移后的直线,设置为"道路"图层,即可得到主要的道路。单击"默认"选项卡"修改"面板中的"修剪"按钮 ⅓ ,修剪掉道路多余的线条,使道路整体连贯。结果如图10-19所示。

(3)调用"圆角"命令,将道路进行圆角处理,左下角的圆角半径分别为30000、32000和34000,其余圆角的半径为3000。结果如图10-20所示。

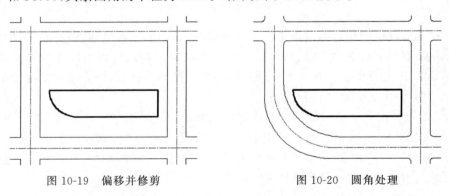

图 10-19　偏移并修剪　　　　　　　　图 10-20　圆角处理

2. 绘制河道

将"河道"图层设置为当前图层。单击"默认"选项卡"绘图"面板中的"直线"按钮 ╱ ,绘制河道。结果如图10-21所示。

3. 绘制街头花园

将街面与河道之间的空地设置为街头花园。

(1)在工具选项板中选择合适的乔木、灌木图例,然后调用"缩放"命令,把图例放大到合适尺寸。

(2)单击"默认"选项卡"修改"面板中的"复制"按钮 ∞ ,将相同的图标复制到合适的位置,完成乔木、灌木等图例的绘制。

(3)单击"默认"选项卡"绘图"面板中的"图案填充"按钮 ▦ ,绘制草坪,完成街头花园的绘制。结果如图10-22所示。

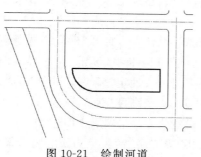

图 10-21 绘制河道

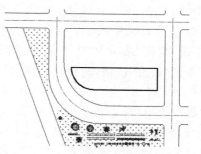

图 10-22 绘制街头花园

4. 绘制已有建筑物

新建建筑物后面为已有建筑物。单击"默认"选项卡"绘图"面板中的"直线"按钮 ╱ 和"修改"面板中的"偏移"按钮 ⫴,绘制已有建筑物。结果如图 10-23 所示。

5. 布置绿化

在道路两侧布置绿化。从设计中心中找到相应的"绿化"图块,单击"默认"选项卡"块"面板中的"插入"按钮 ⬚,从下拉菜单中选择"最近使用的块"选项,插入"灌木绿化"图块。然后单击"默认"选项卡"修改"面板中的"复制"按钮 ⬚ 或"矩形阵列"按钮 ⬚ ,将"绿化"图块复制到合适的位置。结果如图 10-24 所示。

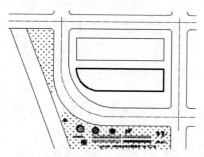

图 10-23 绘制已有建筑物

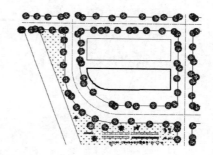

图 10-24 布置绿化

10.2.3 各种标注

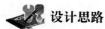 **设计思路**

绘制完图形后,还需要对一些重要的尺寸进行标注。首先设置标注样式,然后对图形进行尺寸标注、标高和坐标标注,最后标注文字和绘制指北针。

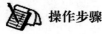 **操作步骤**

1. 标注尺寸

在总平面图上标注新建建筑房屋的总长、总宽及其与周围建筑物、构筑物、道路、红线之间的距离。标高标注应标注室内地平标高和室外整平标高,二者均为绝对值。初步设计及施工设计图设计阶段的总平面图中还需要准确标注建筑物角点的测量坐标或

Note

建筑坐标。总平面图上测量坐标代号用 X、Y 来表示,建筑坐标代号用 A、B 来表示。

(1)设置标注样式。

单击"默认"选项卡"注释"面板中的"标注样式"按钮，打开"标注样式管理器"对话框,单击"新建"按钮,新建一个标注样式。在"线"选项卡中,设定"尺寸界线"选项组中的"超出尺寸线"为 400。在"符号和箭头"选项卡中,设定"箭头选项组"为"建筑标记","箭头大小"为 400。在"文字"选项卡中,设定"文字高度"为 1200。在"主单位"选项卡中,设置以米为单位进行标注,即将"精度"设置为 0,"比例因子"设为 0.001。在进行半径标注设置时,在"符号和箭头"选项卡中,将"第二个"箭头选为实心闭合箭头。

(2)标注尺寸。

将"标注"图层设置为当前层。单击"默认"选项卡"注释"面板中的"线性"按钮，在总平面图中,标注建筑物的尺寸和新建建筑物到道路中心线的相对距离,如图 10-25 所示。

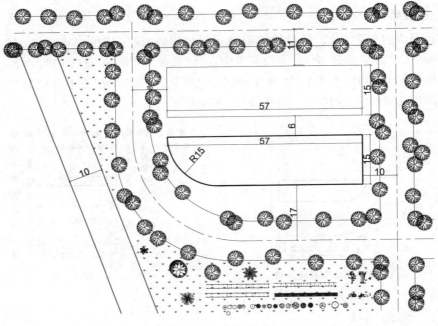

图 10-25   标注尺寸

2.标高标注

单击"默认"选项卡"块"面板中的"插入"按钮，从下拉菜单中选择"最近使用的块"选项,将源文件中的"标高"图块插入总平面图中,再调用"多行文字"命令,标注相应的标高,如图 10-26 所示。

3.坐标标注

(1)绘制指引线。单击"默认"选项卡"绘图"面板中的"直线"按钮，由轴线或外墙面角点引出指引线。

(2)定义属性。选择"绘图"→"块"→"定义属性"菜单命令,弹出"属性定义"对话

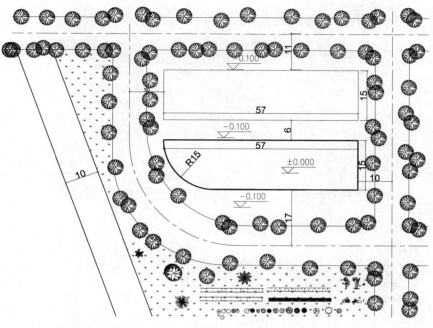

图 10-26　标注标高

框。在该对话框中进行相应的属性设置,在"属性"选项组中的"标记"文本框中输入"x=",在"提示"文本框中输入"输入 x 坐标值";在"文字设置"选项组中,将"文字高度"设为 1200,如图 10-27 所示,最后单击"确定"按钮,在屏幕上指定标记位置。

（3）重复上一步命令,在"属性"选项组中的"标记"文本框中输入"y=",在"提示"文本框中输入"输入 y 坐标值",单击"确定"按钮,完成属性定义。结果如图 10-28 所示。

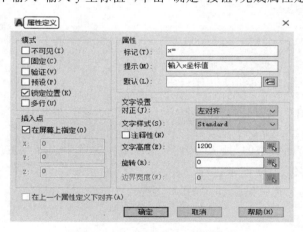

图 10-27　"属性定义"对话框　　　　图 10-28　定义属性

（4）定义块。单击"默认"选项卡"块"面板中的"创建"按钮 ,打开"块定义"对话框,如图 10-29 所示。定义块名称为"坐标",单击"确定"按钮,打开"编辑属性"对话框,如图 10-30 所示。分别在"输入 x 坐标值"文本框和"输入 y 坐标值"文本框中输入 x、y 坐标值。结果如图 10-31 所示。

Note

图 10-29　"块定义"对话框

图 10-30　"编辑属性"对话框

$$x=1122.7$$
$$y=252.5$$

图 10-31　编辑块

（5）单击"默认"选项卡"块"面板中的"插入"按钮 🗗，从下拉菜单中选择"最近使用的块"选项，打开"块"选项板，按图 10-32 所示进行设置。

重复上述步骤，完成坐标的标注。结果如图 10-33 所示。

4．文字标注

（1）将"标注"图层设置为当前图层。

（2）单击"默认"选项卡"注释"面板中的"多行文字"按钮 **A**，标注入口、道路等，如图 10-34 所示。

5．图名标注

单击"默认"选项卡"绘图"面板中的"直线"按钮 ╱ 和"注释"面板中的"多行文字"

图 10-32 "块"选项板

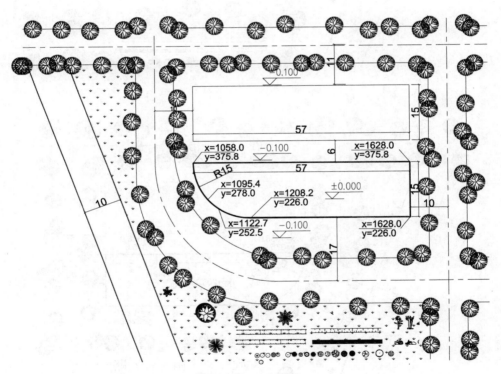

图 10-33 坐标标注

按钮 **A** ,标注图名以及图样比例,如图 10-35 所示。

6. 绘制指北针

单击"默认"选项卡"绘图"面板中的"圆"按钮 ⊙ ,绘制一个圆。然后单击"默认"选项卡"绘图"面板中的"直线"按钮 ╱ ,绘制指北针,最终完成总平面图的绘制。结果如图 10-13 所示。

Note

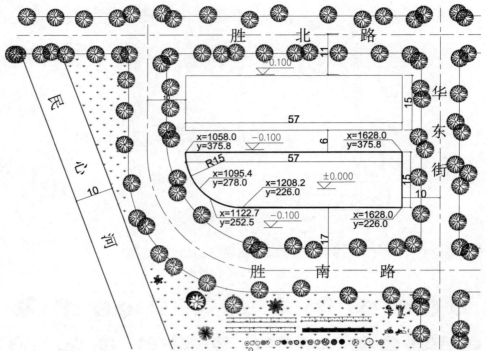

图 10-34　文字标注

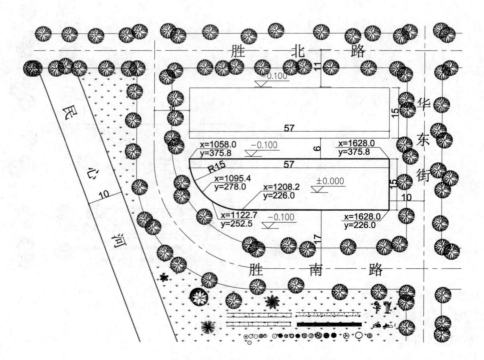

总平面图 1:1000

图 10-35　图名标注

10.3 上机实验

10.3.1 实验1 绘制别墅总平面图

绘制如图 10-36 所示的别墅总平面图。通过本实验的练习,读者可进一步掌握总平面图的绘制方法与思路。

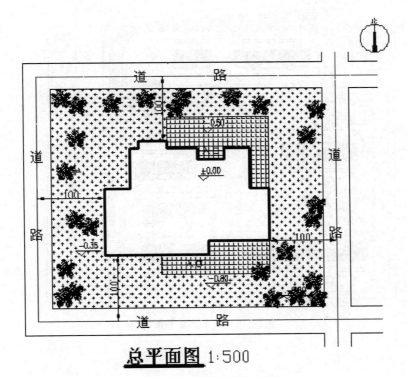

图 10-36 某别墅总平面图

10.3.2 实验2 绘制商住小区总平面图

绘制如图 10-37 所示的小区总平面图。通过练习,读者可熟练绘制总平面图。

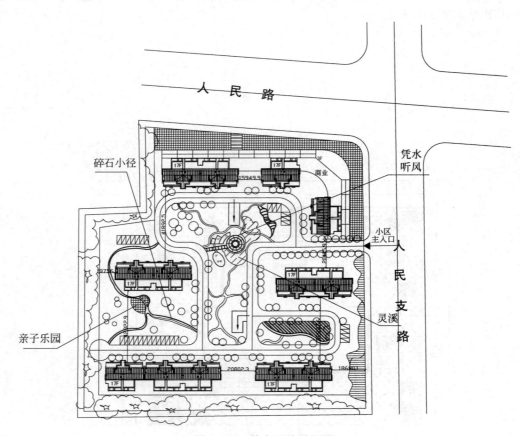

图 10-37 某小区总平面图

第11章

绘制建筑平面图

　　本章以某商住楼各层的平面图为例,详细讲解利用 AutoCAD 2022 绘制建筑平面图的方法与相关技巧。本章内容包括建筑平面图中的轴线网、墙体、柱子和文字等的绘制与标注方法,台阶和楼梯的绘制方法以及技巧,室内布置和室内装饰的绘制。

学 习 要 点

◆ 建筑平面图绘制概述
◆ 某商住楼平面图绘制

11.1 建筑平面图绘制概述

建筑平面图是表达建筑物的基本图样之一,主要反映建筑物的平面布局情况。

11.1.1 概述

建筑平面图是假想在门窗洞口之间用一水平剖切面将建筑物剖切成两部分,下半部分在水平面上(H面)的正投影图。

平面图中的主要图形包括剖切到的墙、柱、门窗、楼梯,以及看到的地面、台阶等的剖切面以下的部分的构建轮廓。因此,从平面图中可以看到建筑物的平面大小、形状、空间平面布局、内外交通及联系、建筑构配件大小及材料等内容,除了按制图知识和规范绘制建筑构配件的平面图形,还需标注尺寸及文字说明,设置图面比例等。

由于建筑平面图能突出地表达建筑物的组成和功能关系等方面的内容,因此一般建筑设计从平面设计入手。在平面设计中,应从建筑物整体出发,考虑建筑空间组合的效果,照顾建筑物剖面和立面的效果和体型关系。在设计的各个阶段中,都应有建筑平面图样,但表达的深度不同。

一般的建筑平面图可以使用粗、中、细三种线来绘制。被剖切到的墙、柱断面的轮廓线用粗线来绘制;被剖切到的次要部分的轮廓线,如墙面抹灰、轻质隔墙以及没有剖切到的可见部分的轮廓,如窗台、墙身、阳台、楼梯段等,均用中实线绘制;没有剖切到的高窗、墙洞和不可见部分的轮廓线都用中虚线绘制;引出线、尺寸标注线等用细实线绘制;定位轴线、中心线和对称线等用细点划线绘制。

11.1.2 建筑平面图的图示要点

建筑平面图的图示要点如下。

(1) 每个平面图对应一个建筑物楼层,并注有相应的图名。

(2) 可以表示多层的平面图称为标准层平面图。在标准层平面图中,各层的房间数量、大小和布置都必须相同。

(3) 建筑物左、右对称时,可以将两层的平面图绘制在同一张图纸上,左边一半和右边一半分别绘制出各层的一半。同时中间要注上对称符号。

(4) 如果建筑平面较大,可以进行分段绘制。

11.1.3 建筑平面图的图示内容

建筑平面图的主要内容如下。

(1) 标注墙、柱、门、窗等的位置和编号,房间的名称或编号,轴线编号等。

(2) 标注出室内外的有关尺寸及室内楼标层、地面的标高。如果本层是建筑物的底层,则标高为±0.000。

(3) 标注出电梯、楼梯的位置以及楼梯的上、下方向和主要尺寸。

(4) 标注阳台、雨篷、踏步、斜坡、雨水管道、排水沟等的具体位置和尺寸。

（5）画出卫生器具、水池、工作台以及其他的重要设备的位置。

（6）画出剖面图的剖切符号以及编号。根据绘图习惯，一般只在底层平面图中绘制出来。

（7）标注出有关部位的节点详图的索引符号。

（8）标注出指北针。根据绘图习惯，一般只在底层平面图中绘制指北针。

11.1.4 建筑平面图绘制的一般步骤

建筑平面图绘制的一般步骤如下。

（1）设置绘图环境。

（2）绘制轴线。

（3）绘制墙线。

（4）绘制柱。

（5）绘制门窗。

（6）绘制阳台。

（7）绘制楼梯、台阶。

（8）布置室内。

（9）布置室外周边景观（底层平面图）。

（10）标注尺寸、文字。

11.2 某商住楼平面图绘制

本节以某商住楼平面图绘制过程为例，讲解平面图的一般绘制方法与技巧。

本实例为某城市商住楼，共六层，一、二层为大开间商场，一层的层高为 3.6m，二层的层高为 3.9m，三层及三层以上为住宅，每层的层高为 2.8m。商场室内布置比较复杂，住宅的室内布置与别墅室内布置类似。

11.2.1 绘制一层平面图

**设计思路**

首先设置绘图环境，再绘制轴线和柱，继续绘制墙线和门窗，其次绘制楼梯和散水，最后标注尺寸、文字。

操作步骤

1. 设置绘图环境

（1）利用 LIMITS 命令设置图幅为 42000×29700。

（2）创建"轴线""墙线""柱""标注""楼梯"等图层，各图层设置如图 11-1 所示。

2. 绘制轴线网

（1）单击"默认"选项卡"图层"面板中的"图层特性"按钮 ，打开"图层特性管理

11-1

Note

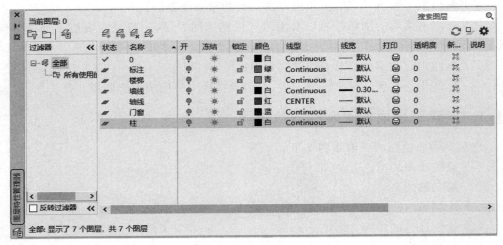

图 11-1　设置图层

器"选项板,将"轴线"图层设置为当前图层。

(2) 单击"默认"选项卡"绘图"面板中的"构造线"按钮 ，绘制一条水平构造线和一条竖直构造线,组成"十"字构造线。调用"偏移"命令,将水平构造线分别往上偏移 2665、3635、1800、300、1500 和 3100,得到水平方向的辅助线。将竖直构造线分别往右偏移 349、1432、3119、3300、2400、3600、3600、3300、2100、1200、1200、2100、3300、3600、3600、1800、1500、2100、1200、1200、2100、3300 和 3600,得到竖直方向的辅助线。竖直辅助线和水平辅助线一起构成正交的辅助线网。然后对辅助线网进行修改,得到一层建筑轴线网格,如图 11-2 所示。

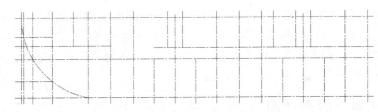

图 11-2　一层建筑轴线网格

3.绘制柱

(1) 将"柱"图层设置为当前图层。

(2) 建立柱图块。单击"默认"选项卡"绘图"面板中的"矩形"按钮 ，绘制 500×400 的矩形。单击"默认"选项卡"绘图"面板中的"图案填充"按钮 ，选择 SOLID 图样填充矩形,完成混凝土柱的绘制。单击"默认"选项卡"块"面板中的"创建"按钮 ，建立柱图块。

(3) 布置柱。单击"默认"选项卡"块"面板中的"插入"按钮 和"修改"面板中的"移动"按钮 ，并以矩形的中心点作为插入基点,将柱图块插入相应的位置。结果如图 11-3 所示。

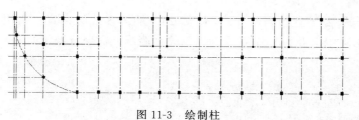

图 11-3　绘制柱

4．绘制墙线

（1）打开图层特性管理器，将"墙线"图层设置为当前图层。

（2）绘制墙体。选择菜单栏中"格式"→"多线样式"命令，打开"多线样式"对话框，如图 11-4 所示。单击"新建"按钮，打开"创建新的多线样式"对话框，新建多线样式"240"，单击"继续"按钮，打开"新建多线样式：240"对话框。将"封口"选项组的"角度"选项设为 90，将"图元"选项组中元素的偏移量设为"120"和"−120"，如图 11-5 所示。

图 11-4　"多线样式"对话框

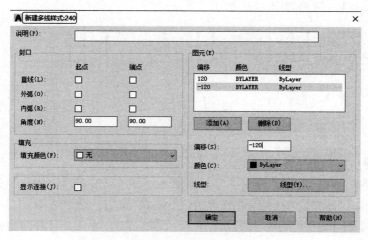

图 11-5　"新建多线样式：240"对话框

将多线样式"240"置为当前样式,完成"240"墙体多线的设置。调用"多线"命令,"对正"类型设为"无","多线比例"设为"1",绘制墙线。命令行操作如下。

```
命令:_mline
当前设置:对正 = 上,比例 = 20.00,样式 = 240
指定起点或[对正(J)/比例(S)/样式(ST)]:J↙
输入对正类型[上(T)/无(Z)/下(B)]<上>:Z↙
当前设置:对正 = 无,比例 = 20.00,样式 = 240
指定起点或[对正(J)/比例(S)/样式(ST)]:S↙
输入多线比例< 20.00 >: 1↙
当前设置:对正 = 无,比例 = 1.00,样式 = 240
指定起点或[对正(J)/比例(S)/样式(ST)]:(适当指定一点)
指定下一点:(适当指定一点)
…
指定下一点或[闭合(C)/放弃(U)]:↙
```

（3）修整墙体。本商住楼墙体为填充墙,不参与结构承重,主要起分隔空间的作用,其中心线位置不一定与定位轴线重合,因此有时会出现偏移一定距离的情况。修整结果如图 11-6 所示。

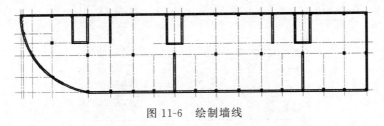

图 11-6　绘制墙线

5. 绘制门窗

（1）将"门窗"图层设置为当前图层。

（2）绘制门窗洞口。借助辅助线确定门窗洞口的位置,然后将洞口处的墙线修剪掉,并将墙线封口。结果如图 11-7 所示。

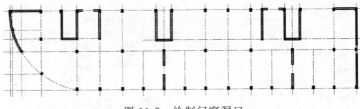

图 11-7　绘制门窗洞口

（3）绘制门窗的具体步骤如下。

① 绘制门。单击"默认"选项卡"绘图"面板中的"直线"按钮 ╱ 、"圆弧"按钮 ⌒ 、"修改"面板中的"偏移"按钮 ⊆ 和"修剪"按钮 ▼ ,绘制门。结果如图 11-8 所示。

② 在命令行中输入 WBLOCK,弹出"写块"对话框,以刚绘制的门为选择对象,以左下角的竖直线的中点为基点,定义门图块。

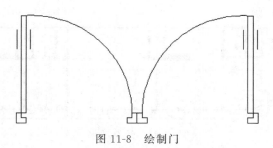

图 11-8　绘制门

③ 单击"默认"选项卡"块"面板中的"插入"按钮 ，在适当位置插入门图块，绘制商住楼的门。

④ 单击"默认"选项卡"绘图"面板中的"直线"按钮 ╱，绘制商住楼的窗。结果如图 11-9 所示。

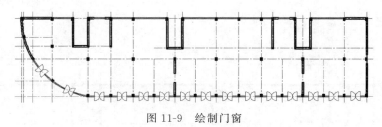

图 11-9　绘制门窗

6．绘制楼梯

一层楼梯分为商场用楼梯和住宅用楼梯。商场用楼梯宽度为 3.6m，梯段长度为 1.6m，楼梯设计为双跑（等跑）楼梯，踏步高为 163.6mm、宽为 300mm，需要 22级。住宅用楼梯宽度为 2.4m，梯段长度为 1m，设计楼梯踏步高为 167mm、宽为 260mm。

（1）将"楼梯"图层设置为当前图层。

（2）根据楼梯尺寸，先绘制出楼梯梯段的定位辅助线，然后绘制出底层楼梯。结果如图 11-10 所示。

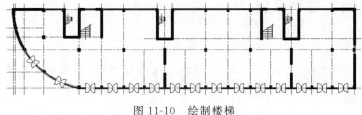

图 11-10　绘制楼梯

7．绘制散水

单击"默认"选项卡"修改"面板中的"偏移"按钮 ⊆，将最下侧的轴线和圆弧轴线向外偏移 1500。然后单击"默认"选项卡"绘图"面板中的"直线"按钮 ╱，补全散水。结果如图 11-11 所示。

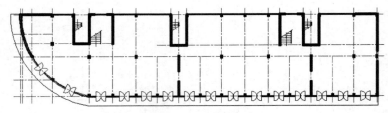

图 11-11　绘制散水

8．尺寸标注和文字说明

（1）将"标注"图层设置为当前图层。

（2）单击"注释"选项卡"标注"面板中的"线性"按钮 、"连续"按钮 和"文字"面板中的"多行文字"按钮 **A**，进行尺寸标注和文字说明，完成一层平面图的绘制。结果如图 11-12 所示。

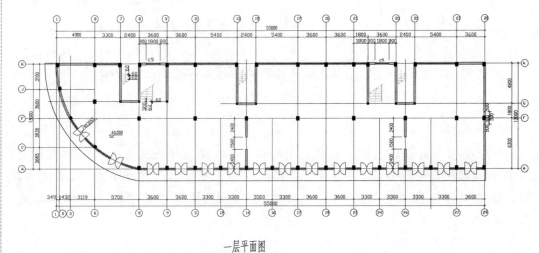

一层平面图

图 11-12　一层平面图

11.2.2　绘制二层平面图

设计思路

首先设置绘图环境，其次绘制窗，继续绘制雨篷和楼梯，最后标注尺寸、文字。

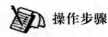**操作步骤**

1．设置绘图环境

（1）利用 LIMITS 命令设置图幅为 42000×29700。

（2）利用 LAYER 命令，创建"轴线""墙线""柱""标注""楼梯"等图层，各图层设置如图 11-13 所示。

Note

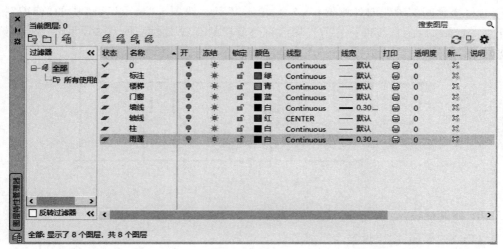

图 11-13　设置图层

2．复制并整理一层平面图

单击"默认"选项卡"修改"面板中的"复制"按钮 ，复制一层平面图的"绘制墙线"图形，并对其进行修改，得到二层平面图的轴线网格、柱和墙线图形。结果如图 11-14 所示。

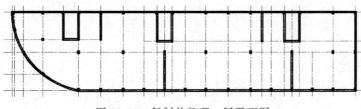

图 11-14　复制并整理一层平面图

3．绘制窗

（1）在图层特性管理器中将"门窗"图层设置为当前图层。

（2）绘制窗。采用一层平面图中门窗的绘制方法来绘制商住楼二层的窗，结果如图 11-15 所示。

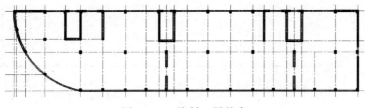

图 11-15　绘制二层的窗

4．绘制雨篷

（1）将"雨篷"图层设置为当前图层。

（2）单击"默认"选项卡"修改"面板中的"偏移"按钮 ，将最上侧的轴线向上偏移

1320,将楼梯间的轴线向外侧偏移120。单击"默认"选项卡"修改"面板中的"修剪"按钮，对偏移后的直线进行修剪。然后将修剪后的直线向内侧偏移60,并将这些直线设为"雨篷"图层,完成雨篷的绘制。结果如图11-16所示。

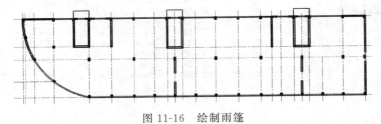

图 11-16　绘制雨篷

5. 绘制楼梯

（1）将"楼梯"图层设置为当前图层。

（2）根据楼梯尺寸,先绘制出楼梯梯段的定位辅助线,然后绘制出二层楼梯。结果如图11-17所示。

图 11-17　绘制楼梯

6. 尺寸标注和文字说明

（1）将"标注"图层设置为当前图层。

（2）单击"注释"选项卡"标注"面板中的"线性"按钮、"连续"按钮 和"文字"面板中的"多行文字"按钮 A ,标注标高和细部尺寸。结果如图11-18所示。

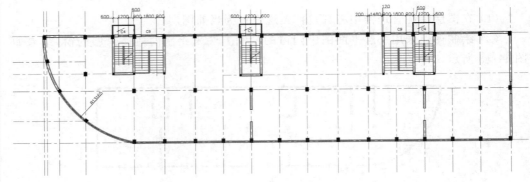

图 11-18　细部尺寸标注

（3）单击"注释"选项卡"标注"面板中的"线性"按钮、"连续"按钮 和"文字"面板中的"多行文字"按钮 A ,进行轴线尺寸标注和文字说明,最终完成二层平面图的绘制。结果如图11-19所示。

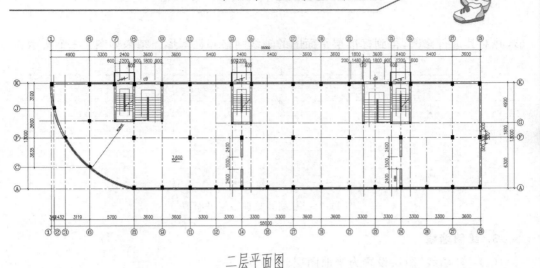

二层平面图

图 11-19 二层平面图

11.2.3 绘制标准层平面图

 设计思路

首先设置绘图环境,继续绘制墙线和门窗,再绘制楼梯,最后标注尺寸、文字。

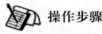 **操作步骤**

1. 设置绘图环境

(1) 利用 LIMITS 命令设置图幅为 42000×29700。

(2) 利用 LAYER 命令,创建"标注""楼梯""门窗""墙线""雨篷""轴线""柱"等图层,各图层设置如图 11-20 所示。

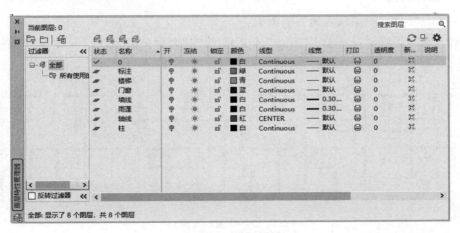

图 11-20 设置图层

2. 复制并整理一层平面图

单击"默认"选项卡"修改"面板中的"复制"按钮，复制一层平面图的"绘制柱"图形,并对其进行修改,得到标准层平面图的轴线网格和柱图形。结果如图 11-21 所示。

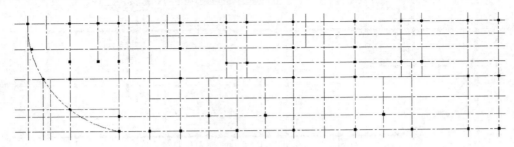

图 11-21　复制并整理一层平面图

3．绘制墙线

(1)将"墙线"图层设置为当前图层。

(2)绘制墙体。选择菜单栏中"格式"→"多线样式"命令,打开"多线样式"对话框。单击"新建"按钮,打开"创建新的多线样式"对话框。新建多线样式,然后调用"多线"命令,绘制墙线。结果如图 11-22 所示。

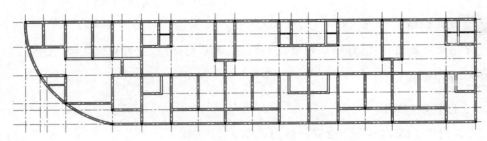

图 11-22　绘制墙线

4．绘制门窗

(1)将"门窗"图层设置为当前图层。

(2)绘制门窗洞口。单击"默认"选项卡"绘图"面板中的"直线"按钮╱、"偏移"按钮 ⊆ 和"修剪"按钮 ↘,绘制门窗洞口。结果如图 11-23 所示。

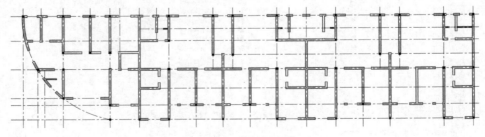

图 11-23　绘制门窗洞口

(3)绘制门窗。选择菜单栏中的"格式"→"多线样式"命令,在打开的"多线样式"对话框中,单击"新建"按钮,在打开的"创建新的多线样式"对话框中新建多线样式"门窗",并将"门窗"多线样式置为当前样式。选择"绘图"→"多线"菜单命令,绘制窗;然后单击"默认"选项卡"绘图"面板中的"直线"按钮 ╱ 和"圆弧"按钮 ⌒ ,绘制门。结果如图 11-24 所示。

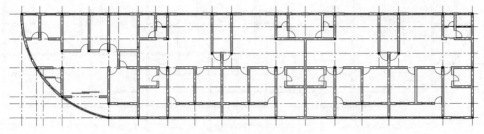

图 11-24 绘制门窗

5．绘制楼梯

（1）将"楼梯"图层设置为当前图层。

（2）根据楼梯尺寸，绘制出标准层楼梯。结果如图 11-25 所示。

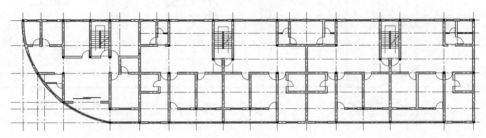

图 11-25 绘制楼梯

6．尺寸标注和文字说明

（1）将"标注"图层设置为当前图层。

（2）单击"注释"选项卡"标注"面板中的"线性"按钮 ⊢⊣、"连续"按钮 ⊪ 和"文字"面板中的"多行文字"按钮 A ,标注门窗尺寸。结果如图 11-26 所示。

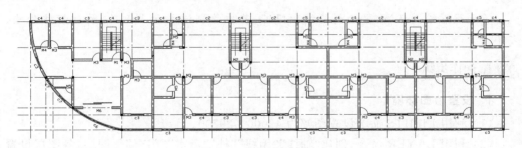

图 11-26 标注门窗尺寸

（3）单击"注释"选项卡"标注"面板中的"线性"按钮 ⊢⊣、"连续"按钮 ⊪ 和"文字"面板中的"多行文字"按钮 A ,标注标高和细部尺寸。结果如图 11-27 所示。

（4）用同样的方法，进行轴线尺寸标注和文字说明，最终完成标准层平面图的绘制。结果如图 11-28 所示。

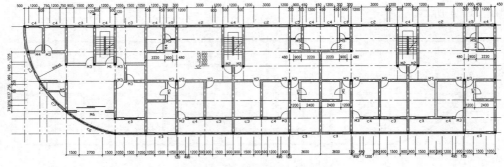

图 11-27　标注标高和细部尺寸

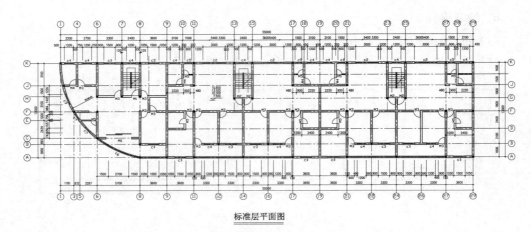

标准层平面图

图 11-28　标准层平面图

11.2.4　绘制隔热层平面图

设计思路

首先设置绘图环境,再绘制墙线和门窗,其次绘制泛水和上人孔,最后标注尺寸、文字。

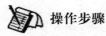

操作步骤

1. 设置绘图环境

(1) 利用 LIMITS 命令设置图幅为 42000×29700。

(2) 利用 LAYER 命令,创建"轴线""墙线""柱""泛水""门窗"等图层,各图层设置如图 11-29 所示。

2. 复制并整理标准层平面图

单击"默认"选项卡"修改"面板中的"复制"按钮 ，复制标准层平面图的"绘制柱"图形,并对其进行修改,得到隔热层平面图的轴线网格和柱图形。结果如图 11-30 所示。

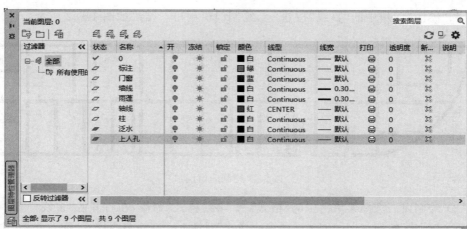

图 11-29　设置图层

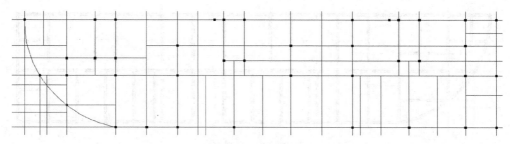

图 11-30　复制并整理标准层平面图

3. 绘制墙线

（1）将"墙线"图层设置为当前图层。

（2）绘制墙体。选择菜单栏中的"格式"→"多线样式"命令，打开"多线样式"对话框。单击"新建"按钮，打开"创建新的多线样式"对话框。新建多线样式"240"，单击"继续"按钮。在新对话框中将"图元"选项组中的"偏移"设置为"120"和"-120"。然后调用"多线"命令，绘制墙线。结果如图 11-31 所示。

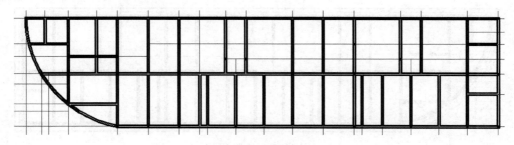

图 11-31　绘制墙线

4. 绘制门窗

（1）将"门窗"图层设置为当前图层。

（2）绘制门窗洞口。单击"默认"选项卡"修改"面板中的"偏移"按钮 ⊑ 、"修剪"按

钮 和"绘图"面板中的"直线"按钮 ，绘制门窗洞口。结果如图 11-32 所示。

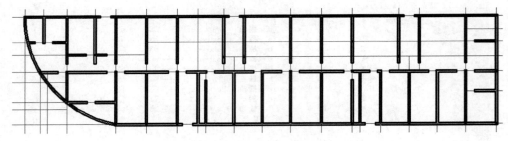

图 11-32　绘制门窗洞口

（3）绘制窗。选择菜单栏中的"格式"→"多线样式"命令，在打开的"多线样式"对话框中单击"新建"按钮，打开"创建新的多线样式"对话框。新建多线样式"窗"，并将"窗"多线样式置为当前样式。选择"绘图"→"多线"菜单命令绘制窗。结果如图 11-33 所示。

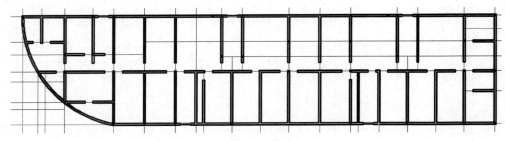

图 11-33　绘制窗

5．绘制泛水

（1）将"泛水"图层设置为当前图层。

（2）单击"默认"选项卡"修改"面板中的"偏移"按钮 ，将轴线向外侧依次偏移 500、940 和 1000，并对其进行修改。然后单击"默认"选项卡"绘图"面板中的"直线"按钮 、"圆"按钮 和"多段线"按钮 ，绘制雨水管和箭头，完成泛水的绘制。结果如图 11-34 所示。

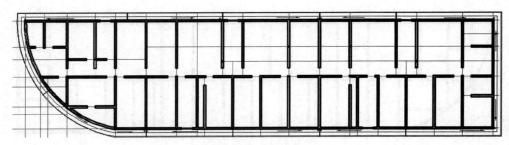

图 11-34　绘制泛水

6．绘制上人孔

（1）将"上人孔"图层设置为当前图层。

（2）单击"默认"选项卡"绘图"面板中的"矩形"按钮 ，绘制上人孔。结果如

图 11-35 所示。

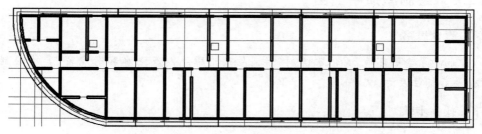

图 11-35 绘制上人孔

7. 尺寸标注和文字说明

（1）将"标注"图层设置为当前图层。

（2）单击"注释"选项卡"标注"面板中的"线性"按钮 ┢┪、"连续"按钮 ┼┼┼ 和"文字"面板中的"多行文字"按钮 **A**，进行细部尺寸标注。结果如图 11-36 所示。

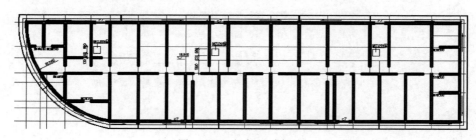

图 11-36 细部尺寸标注

（3）利用同样的方法进行轴线尺寸标注和文字说明，最终完成隔热层平面图的绘制。结果如图 11-37 所示。

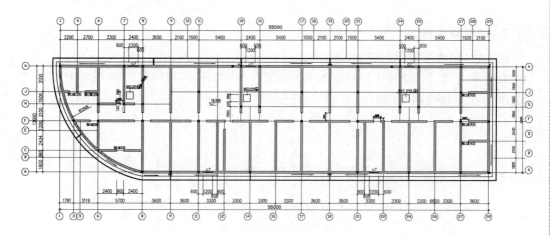

隔热层平面图

图 11-37 隔热层平面图

11.2.5 绘制屋顶平面图

设计思路

首先设置绘图环境,再依次绘制轴线、屋顶轮廓线以及泛水和老虎窗,其次绘制屋脊线,最后标注尺寸、文字。

操作步骤

1. 设置绘图环境

(1)利用 LIMITS 命令设置图幅为 42000×29700。

(2)利用 LAYER 命令,创建"轴线""屋脊线""标注""泛水""老虎窗"等图层,各图层设置如图 11-38 所示。

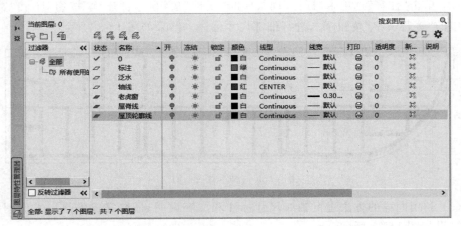

图 11-38 设置图层

2. 绘制轴线网

(1)将"轴线"图层设置为当前图层。

(2)单击"默认"选项卡"绘图"面板中的"直线"按钮 ╱ 和"修改"面板中的"偏移"按钮 ⊆,绘制轴线网。结果如图 11-39 所示。

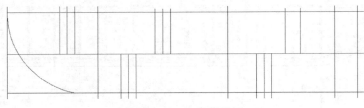

图 11-39 绘制轴线网

3. 绘制屋顶轮廓线

(1)将"屋顶轮廓线"图层设置为当前图层。

(2)单击"默认"选项卡"修改"面板中的"偏移"按钮 ⊆,偏移轴线,并将偏移后的轴线设置为"屋顶轮廓线"图层。结果如图 11-40 所示。

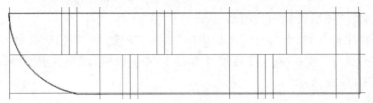

图 11-40 绘制屋顶轮廓线

4. 绘制泛水

（1）将"泛水"图层设置为当前图层。

（2）采用与隔热层平面图中相同的方法绘制泛水，结果如图 11-41 所示。

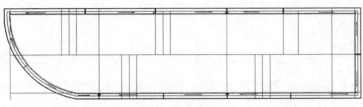

图 11-41 绘制泛水

5. 绘制老虎窗

（1）将"老虎窗"图层设置为当前图层。

（2）单击"默认"选项卡"绘图"面板中的"直线"按钮 ╱，绘制老虎窗。结果如图 11-42 所示。

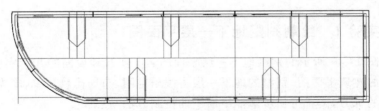

图 11-42 绘制老虎窗

6. 绘制屋脊线

（1）将"屋脊线"图层设置为当前图层。

（2）单击"默认"选项卡"绘图"面板中的"直线"按钮 ╱，绘制屋脊线。结果如图 11-43 所示。

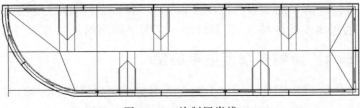

图 11-43 绘制屋脊线

7. 尺寸标注和文字说明

（1）将"标注"图层设置为当前图层。

（2）单击"注释"选项卡"标注"面板中的"线性"按钮┣┫、"连续"按钮┣┫┣ 和"文字"面板中的"多行文字"按钮 **A**，进行尺寸标注和文字说明，最终完成屋顶平面图的绘制。结果如图 11-44 所示。

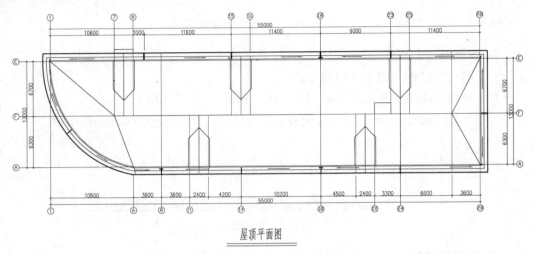

图 11-44　屋顶平面图

11.3　上机实验

11.3.1　实验 1　绘制别墅地下一层平面图

绘制如图 11-45 所示的别墅地下一层平面图。本实验和后面的几个实验一起将绘制一套别墅的建筑平面图，别墅的地下一层为娱乐空间，布局比较简单，多为娱乐设备。通过本实验的练习，读者可初步掌握平面图的绘制方法与思路。

11.3.2　实验 2　绘制别墅一层平面图

绘制如图 11-46 所示的别墅一层平面图。该层为起居空间，所以布局一般比较复杂。通过本实验的练习，读者可进一步熟练掌握平面图的绘制方法与思路。

11.3.3　实验 3　绘制别墅二层平面图

绘制如图 11-47 所示的别墅的二层平面图。别墅二层为休息空间，所以布局一般以卧室为主。通过本实验的练习，读者可深入掌握平面图的绘制方法与思路。

11.3.4　实验 4　绘制别墅顶层平面图

绘制如图 11-48 所示别墅的顶层平面图。别墅顶层为简单的屋面，没有太多布局。通过本实验的练习，读者可完整掌握平面图的绘制方法与思路。

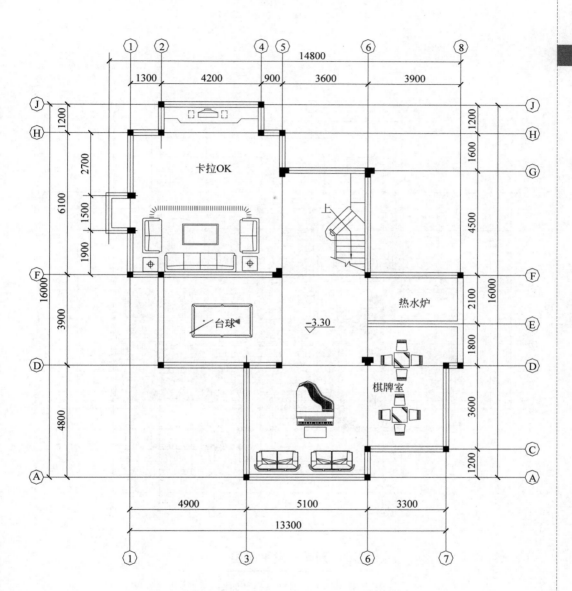

别墅地下一层平面图

图 11-45 别墅地下一层平面图

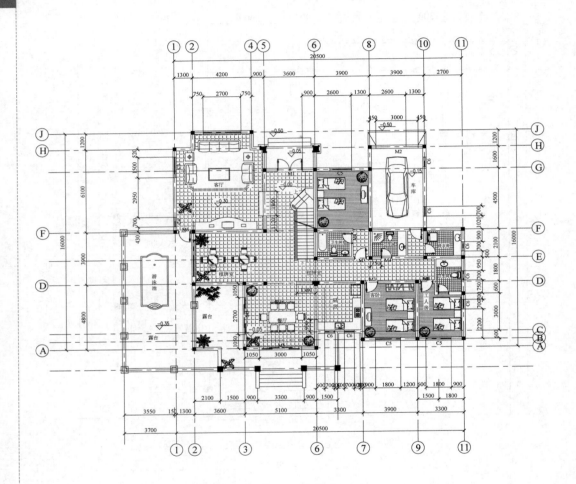

别墅一层平面图

图 11-46　别墅一层平面图

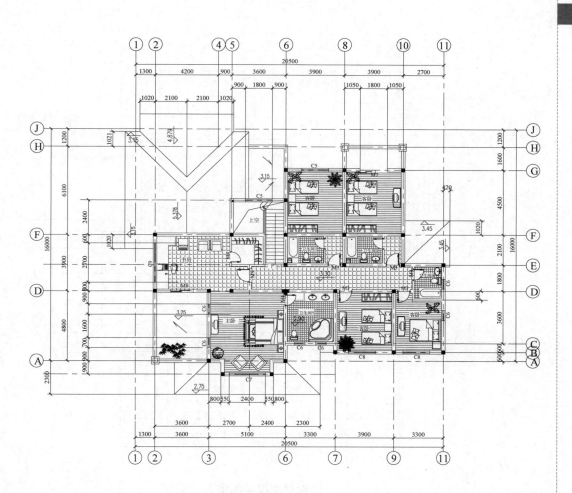

别墅二层平面图

图 11-47 别墅二层平面图

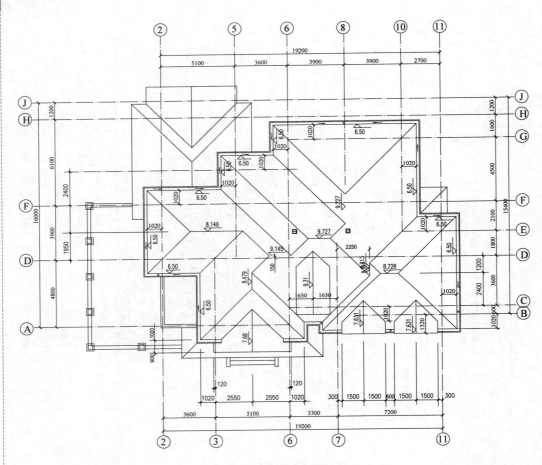

别墅顶层平面图

图 11-48　别墅顶层平面图

第 **12** 章

绘制建筑立面图

　　立面图是用直接正投影法将建筑各个墙面进行投影所得到的正投影图。本章以商住楼的南、北、西、东立面图为例,详细论述运用 AutoCAD 2022 绘制建筑立面图的方法与相关技巧。

学 习 要 点

◆ 建筑立面图绘制概述

◆ 某商住楼立面图绘制

12.1 建筑立面图绘制概述

建筑立面图是用来研究建筑立面的造型和装修的图样。立面图主要反映了建筑物的外貌和立面装修的做法。

12.1.1 建筑立面图的概念及图示内容

立面图是用直接正投影法将建筑物的各个墙面进行投影得到的正投影图。一般情况下,立面图上的图示内容包括墙体外轮廓及内部凹凸轮廓、门窗(幕墙)、入口台阶及坡道、雨篷、窗台、窗楣、壁柱、檐口、栏杆、外露楼梯、各种脚线等。从理论上讲,立面图上所有建筑配件的正投影图均要反映在立面图上。实际上,一些比例较小的细部可以简化或用比例来代替。例如,门窗的立面,可以在具有代表性的位置仔细绘制出窗扇、门扇等细节,而同类门窗用其轮廓表示即可。在施工图中,如果门窗不是引用有关门窗图集,则其细部构造需要通过绘制大样图来表示,这就弥补了立面图的不足。

此外,当立面转折、曲折较复杂时,可以绘制展开立面图。圆形或多边形平面的建筑物可以通过分段展开来绘制立面图。为了图示明确,均应在图名上注明"展开"二字,在转角处应准确标明轴线号。

12.1.2 建筑立面图的命名方式

建筑立面图命名的目的在于使读者一目了然地识别其立面的位置。因此,各种命名方式都是围绕"明确位置"这一主题来实施的。至于采取哪种方式,则视具体情况而定。

1．以相对主入口的位置特征来命名

如果以相对主入口的位置特征来命名,则建筑立面图称为正立面图、背立面图和侧立面图。这种方式一般适用于建筑平面方正、简单,入口位置明确的情况。

2．以相对地理方位的特征来命名

如果以相对地理方位的特征来命名,则建筑立面图常称为南立面图、北立面图、东立面图和西立面图。这种方式一般适用于建筑平面图规整、简单,而且朝向相对正南、正北偏转不大的情况。

3．以轴线编号来命名

以轴线编号来命名是指用立面图的起止定位轴线来命名,如①—⑥立面图、Ⓔ—Ⓐ立面图等。这种命名方式准确,便于查对,特别适用于平面较复杂的情况。

根据《建筑制图标准》(GB/T 50104—2010),有定位轴线的建筑物宜根据两端定位轴线号来编注立面图名称;无定位轴线的建筑物可按平面图各面的朝向来确定名称。

12.1.3 建筑立面图绘制的一般步骤

从总体上来说,立面图是通过在平面图的基础上引出定位辅助线确定立面图样的

水平位置及大小,然后根据高度方向的设计尺寸来确定立面图样的竖向位置及尺寸,从而绘制出一系列的图样。因此,立面图绘制的一般步骤如下。

（1）设置绘图环境。

（2）确定定位辅助线,包括墙、柱定位轴线、楼层水平定位辅助线及其他立面图样的辅助线。

（3）绘制立面图样,包括墙体外轮廓及内部凹凸轮廓、门窗（幕墙）、入口台阶及坡道、雨篷、窗台、窗楣、壁柱、檐口、栏杆、外露楼梯、各种脚线等。

（4）绘制配景,包括植物、车辆、人物等。

（5）标注尺寸、文字。

12.2　某商住楼立面图绘制

下面以某商住楼立面图的绘制过程为例,详细讲述立面图的绘制方法和技巧。

12.2.1　南立面图的绘制

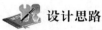 **设计思路**

首先设置绘图环境,其次绘制定位辅助线,继续利用辅助线绘制各层的图形,最后标注尺寸、文字。

 操作步骤

1. 设置绘图环境

（1）利用 LIMITS 命令设置图幅为 42000×29700。

（2）利用 LAYER 命令,创建"立面"图层。

2. 绘制定位辅助线

（1）打开图层特性管理器,将"立面"图层设置为当前图层。

（2）复制 11.2.1 节所绘制的商住楼的一层平面图,并将暂时不用的图层关闭。调用"直线"命令,在一层平面图下方绘制一条地平线。注意:地平线上方需留出足够的绘图空间。

（3）单击"默认"选项卡"绘图"面板中的"直线"按钮 ／,由一层平面图向下引出竖向定位辅助线。结果如图 12-1 所示。

（4）单击"默认"选项卡"修改"面板中的"偏移"按钮 ⋐,根据室内外高度差、各层层高、屋面标高等绘制楼层定位辅助线。结果如图 12-2 所示。

3. 绘制一层立面图

（1）绘制室内外地平线。单击"默认"选项卡"绘图"面板中的"直线"按钮 ／和"修改"面板中的"偏移"按钮 ⋐,绘制室内外地平线,室内外高度差为 100。结果如图 12-3 所示。

12-1

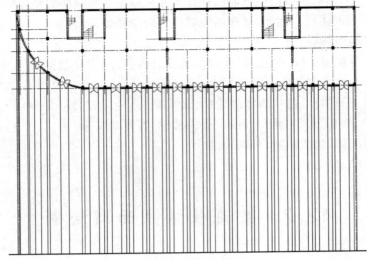

图 12-1　绘制一层竖向辅助线

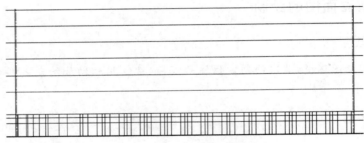

图 12-2　绘制楼层定位辅助线

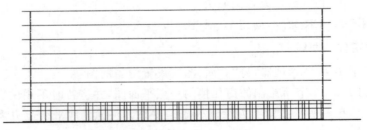

图 12-3　绘制室内外地平线

（2）绘制一层窗户。一层和二层为大开间商场，所以设计全玻璃窗户，这既符合建筑个性，也能够获得大面积采光。单击"默认"选项卡"绘图"面板中的"直线"按钮 ╱，根据定位辅助线绘制一层窗户。结果如图 12-4 所示。

（3）绘制一层门。单击"默认"选项卡"绘图"面板中的"直线"按钮 ╱，根据定位辅助线绘制一层门。结果如图 12-5 所示。

（4）细化一层立面图。单击"默认"选项卡"绘图"面板中的"直线"按钮 ╱ 和"修改"面板中的"偏移"按钮 ⊆，细化一层立面图。结果如图 12-6 所示。

图 12-4 绘制窗户

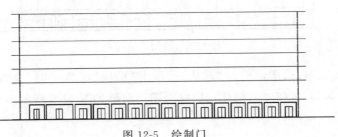

图 12-5 绘制门

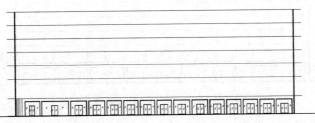

图 12-6 细化一层立面图

4．绘制二层立面图

（1）绘制二层定位辅助线。复制 11.2.2 节所绘制的二层平面图。单击"默认"选项卡"绘图"面板中的"直线"按钮 ∕，由二层平面图向下引出竖向定位辅助线。单击"默认"选项卡"修改"面板中的"偏移"按钮 ⊆，绘制横向定位辅助线。结果如图 12-7 所示。

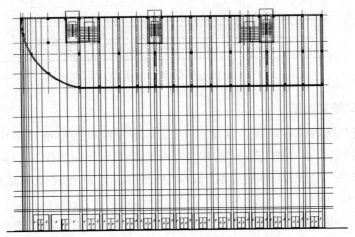

图 12-7 绘制二层定位辅助线

（2）绘制二层窗户。单击"默认"选项卡"绘图"面板中的"直线"按钮 ╱，根据定位辅助线，绘制二层窗户。结果如图 12-8 所示。

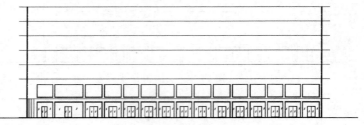

图 12-8　绘制二层窗户

（3）细化二层立面图。单击"默认"选项卡"绘图"面板中的"直线"按钮 ╱ 和"修改"面板中的"偏移"按钮 ⊑，细化二层立面图。结果如图 12-9 所示。

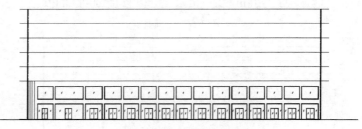

图 12-9　细化二层立面图

（4）绘制二层屋檐。根据定位辅助直线，单击"默认"选项卡"绘图"面板中的"直线"按钮 ╱、"修改"面板中的"偏移"按钮 ⊑ 和"修剪"按钮 ，绘制二层屋檐。结果如图 12-10 所示。

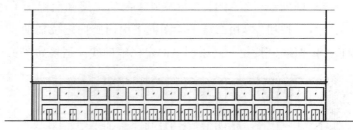

图 12-10　绘制二层屋檐

5．绘制三层立面图

（1）绘制三层定位辅助线。复制在 11.2.3 节中绘制的标准层平面图。单击"默认"选项卡"绘图"面板中的"直线"按钮 ╱，由三层平面图向下引出竖向定位辅助线。单击"默认"选项卡"修改"面板中的"偏移"按钮 ⊑，绘制横向定位辅助线。结果如图 12-11 所示。

（2）绘制三层窗户。单击"默认"选项卡"绘图"面板中的"直线"按钮 ╱，根据定位辅助线，绘制三层窗户。结果如图 12-12 所示。

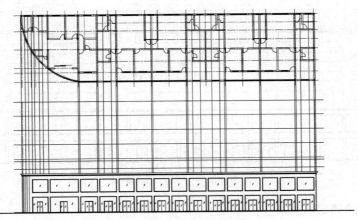

图 12-11 绘制三层定位辅助线

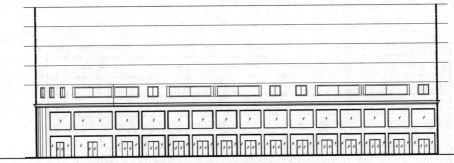

图 12-12 绘制三层窗户

6. 绘制四至六层立面图

（1）绘制窗户。单击"默认"选项卡"修改"面板中的"复制"按钮，将三层窗户复制到四至六层相应的位置。结果如图 12-13 所示。

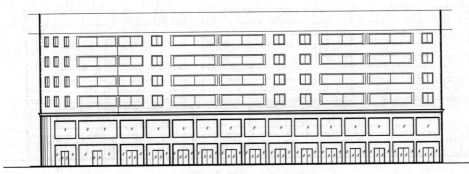

图 12-13 绘制四至六层窗户

（2）绘制六层屋檐。单击"默认"选项卡"修改"面板中的"复制"按钮，将二层屋檐复制到六层相应的位置。结果如图 12-14 所示。

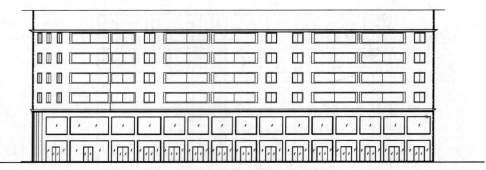

图 12-14　绘制六层屋檐

7. 绘制隔热层和屋顶

（1）绘制隔热层和屋顶轮廓线。单击"默认"选项卡"绘图"面板中的"直线"按钮 ／，根据定位辅助线，绘制隔热层和屋顶轮廓线。结果如图 12-15 所示。

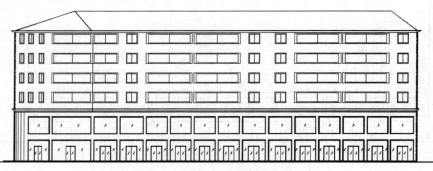

图 12-15　绘制隔热层和屋顶轮廓线

（2）绘制老虎窗。单击"默认"选项卡"绘图"面板中的"直线"按钮 ／ 和"矩形"按钮 ▢，绘制老虎窗。结果如图 12-16 所示。

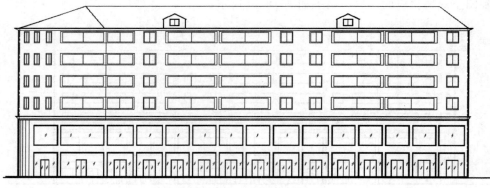

图 12-16　绘制老虎窗

8. 文字说明和标高标注

单击"默认"选项卡"绘图"面板中的"直线"按钮 ／ 和"注释"面板中的"多行文字"按钮 **A**，进行标高标注和文字说明，最终完成南立面图的绘制。结果如图 12-17 所示。

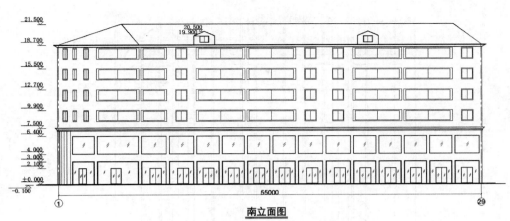

图 12-17 南立面图

12.2.2 北立面图的绘制

设计思路

首先设置绘图环境,其次绘制定位辅助线,继续利用辅助线绘制各层的图形,最后标注尺寸、文字。

操作步骤

1. 设置绘图环境

(1)利用 LIMITS 命令设置图幅为 42000×29700。

(2)利用 LAYER 命令,创建"立面"图层。

2. 绘制定位辅助线

(1)将"立面"图层设置为当前图层。

(2)复制 11.2.1 节绘制的一层平面图,并将暂时不用的图层关闭。单击"默认"选项卡"修改"面板中的"旋转"按钮 ↻,将一层平面图旋转180°。单击"默认"选项卡"绘图"面板中的"直线"按钮 ╱,在一层平面图下方绘制一条地平线。注意,在地平线上方,需留出足够的绘图空间。

(3)单击"默认"选项卡"绘图"面板中的"直线"按钮 ╱,由一层平面图向下引出竖向定位辅助线。结果如图 12-18 所示。

(4)单击"默认"选项卡"修改"面板中的"偏移"按钮 ∈,根据室内外高度差、各层层高、屋面标高等绘制楼层定位辅助线。结果如图 12-19 所示。

3. 绘制一层立面图

(1)绘制室内外地平线。单击"默认"选项卡"绘图"面板中的"直线"按钮 ╱ 和"修改"面板中的"偏移"按钮 ∈,绘制室内外地平线,室内外高度差为100。结果如图 12-20 所示。

(2)绘制一层门。单击"默认"选项卡"绘图"面板中的"直线"按钮 ╱,根据定位辅

Note

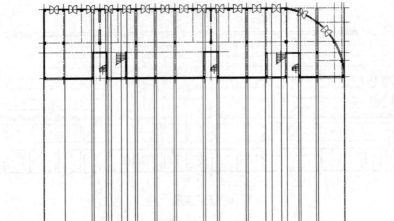

图 12-18　绘制一层竖向辅助线

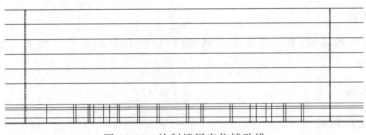

图 12-19　绘制楼层定位辅助线

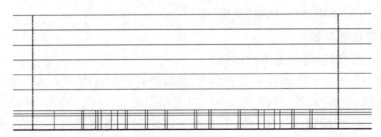

图 12-20　绘制室内外地平线

助线,绘制一层门。结果如图 12-21 所示。

(3)绘制雨篷。单击"默认"选项卡"绘图"面板中的"直线"按钮／,绘制雨篷。结果如图 12-22 所示。

(4)绘制一层窗户。单击"默认"选项卡"绘图"面板中的"直线"按钮／,根据定位辅助线,绘制一层窗户。结果如图 12-23 所示。

4.绘制二层立面图

(1)绘制二层窗户。单击"默认"选项卡"修改"面板中的"复制"按钮，将一层门窗复制到二层相应的位置,并将一层门的位置修改为窗户。结果如图 12-24 所示。

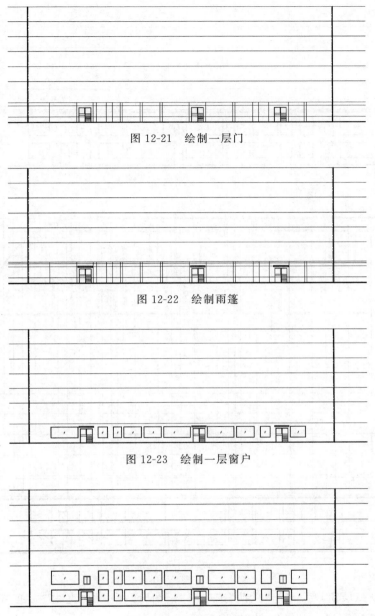

图 12-21　绘制一层门

图 12-22　绘制雨篷

图 12-23　绘制一层窗户

图 12-24　绘制二层窗户

（2）绘制二层屋檐。根据定位辅助直线，单击"默认"选项卡"绘图"面板中的"直线"按钮 ∕、"修改"面板中的"偏移"按钮 ⊆ 和"修剪"按钮 ⅍，绘制二层屋檐。结果如图 12-25 所示。

5．绘制三层立面图

（1）绘制三层定位辅助线。按照绘制一、二层定位辅助线的方法，绘制三层定位辅助线。结果如图 12-26 所示。

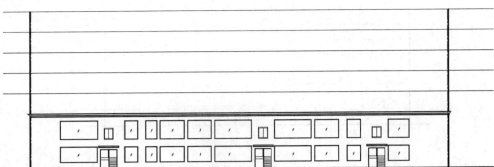

图 12-25　绘制二层屋檐

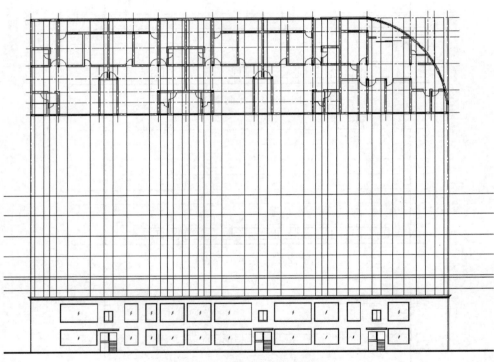

图 12-26　绘制三层定位辅助线

（2）绘制三层窗户。单击"默认"选项卡"绘图"面板中的"直线"按钮 ／，根据定位辅助线绘制三层窗户。结果如图 12-27 所示。

6. 绘制四至六层立面图

（1）绘制窗户。单击"默认"选项卡"修改"面板中的"复制"按钮 ，将三层窗户复制到四至六层相应的位置。结果如图 12-28 所示。

（2）绘制六层屋檐。单击"默认"选项卡"修改"面板中的"复制"按钮 ，将二层屋檐复制到六层相应的位置。结果如图 12-29 所示。

7. 绘制隔热层和屋顶

（1）绘制隔热层和屋顶轮廓线。单击"默认"选项卡"绘图"面板中的"直线"按

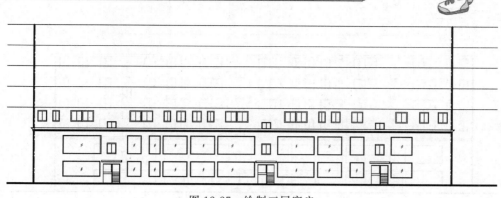

图 12-27　绘制三层窗户

图 12-28　绘制四至六层窗户

图 12-29　绘制六层屋檐

钮　，根据定位辅助线，绘制隔热层和屋顶轮廓线。结果如图 12-30 所示。

（2）绘制老虎窗。单击"默认"选项卡"绘图"面板中的"直线"按钮　和"矩形"按钮　，绘制老虎窗。结果如图 12-31 所示。

8．文字说明和标高标注

单击"默认"选项卡"绘图"面板中的"直线"按钮　和"注释"面板中的"多行文字"按钮 **A**，进行标高标注和文字说明，最终完成北立面图的绘制。结果如图 12-32 所示。

图 12-30　绘制隔热层和屋顶轮廓线

图 12-31　绘制老虎窗

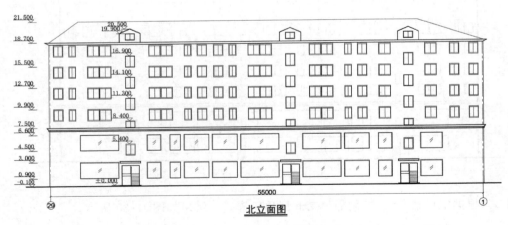
图 12-32　北立面图

12.2.3　西立面图的绘制

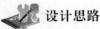设计思路

　　首先设置绘图环境,其次绘制定位辅助线,继续利用辅助线绘制各层的图形,最后标注尺寸、文字。

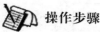 **操作步骤**

1．设置绘图环境

（1）利用 LIMITS 命令设置图幅为 42000×29700。

（2）利用 LAYER 命令，创建"立面"图层。

2．绘制定位辅助线

（1）打开图层特性管理器，将"立面"图层设置为当前图层。

（2）采用与商住楼南立面图定位辅助线相同的绘制方法，绘制商住楼西立面图的定位辅助线。结果如图 12-33 所示。

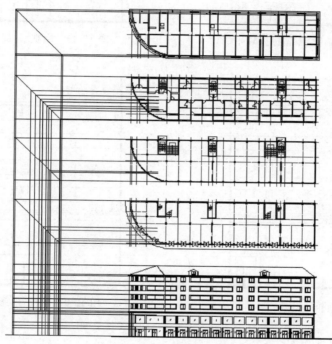

图 12-33　绘制商住楼西立面图定位辅助线

3．绘制一层立面图

（1）绘制室内外地平线。单击"默认"选项卡"绘图"面板中的"直线"按钮 ╱ 和"修改"面板中的"偏移"按钮 ⊑，绘制室内外地平线，室内外高度差为 100。调用"修剪"命令，修改定位辅助线。结果如图 12-34 所示。

（2）绘制一层门。单击"默认"选项卡"绘图"面板中的"直线"按钮 ╱，根据定位辅助线，绘制一层门。结果如图 12-35 所示。

（3）绘制一层窗户。单击"默认"选项卡"绘图"面板中的"直线"按钮 ╱，根据定位辅助线，绘制一层窗户。结果如图 12-36 所示。

（4）绘制雨篷。单击"默认"选项卡"绘图"面板中的"直线"按钮 ╱，绘制雨篷。结果如图 12-37 所示。

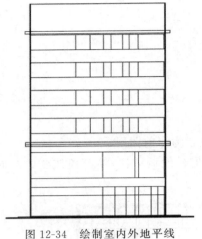

图 12-34　绘制室内外地平线

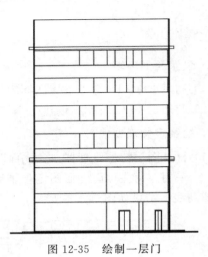

图 12-35　绘制一层门

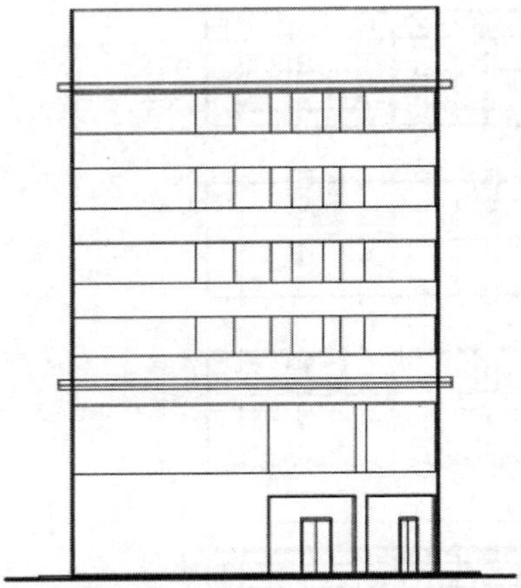

图 12-36　绘制一层窗户

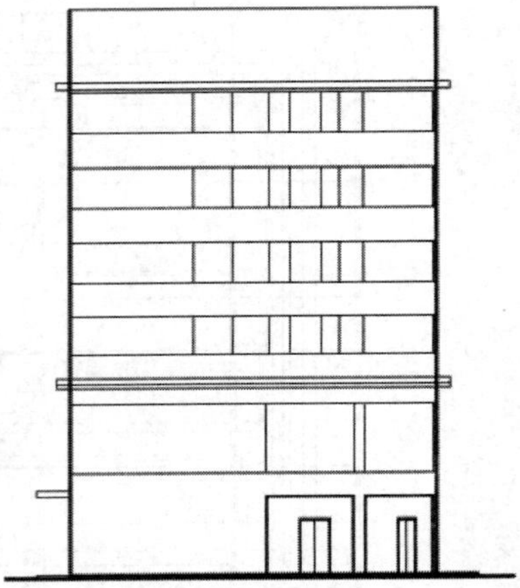

图 12-37　绘制雨篷

4. 绘制二层立面图

（1）绘制二层窗户。单击"默认"选项卡"绘图"面板中的"直线"按钮 ╱，根据定位辅助线，绘制二层窗户。结果如图 12-38 所示。

（2）绘制二层屋檐。根据定位辅助直线，单击"默认"选项卡"绘图"面板中的"直线"按钮 ╱、"修改"面板中的"偏移"按钮 ⊂ 和"修剪"按钮 ↘，绘制二层屋檐。结果如图 12-39 所示。

5. 绘制三层立面图

单击"默认"选项卡"绘图"面板中的"直线"按钮 ╱，根据定位辅助线，绘制三层窗户。结果如图 12-40 所示。

6. 绘制四至六层立面图

（1）绘制四至六层窗户。单击"默认"选项卡"修改"面板中的"复制"按钮 ⁰³，将三层窗户复制到四至六层相应的位置。结果如图 12-41 所示。

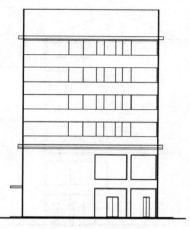

图 12-38 绘制二层窗户

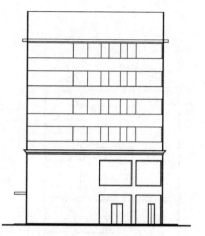

图 12-39 绘制二层屋檐

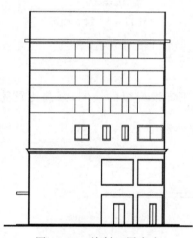

图 12-40 绘制三层窗户

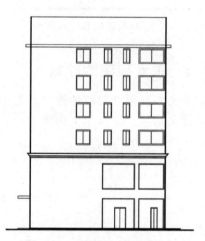

图 12-41 绘制四至六层窗户

（2）绘制六层屋檐。单击"默认"选项卡"修改"面板中的"复制"按钮，将二层屋檐复制到六层相应的位置。结果如图 12-42 所示。

7．绘制隔热层和屋顶

单击"默认"选项卡"绘图"面板中的"直线"按钮，根据定位辅助线，绘制隔热层和屋顶轮廓线。结果如图 12-43 所示。

8．文字说明和标高标注

单击"默认"选项卡"绘图"面板中的"直线"按钮和"注释"面板中的"多行文字"按钮，进行标高标注和文字说明，最终完成西立面图的绘制。结果如图 12-44 所示。

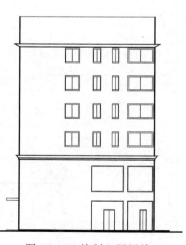

图 12-42 绘制六层屋檐

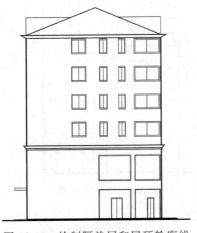

图 12-43　绘制隔热层和屋顶轮廓线

图 12-44　西立面图

12.2.4　东立面图的绘制

东立面图与西立面图的轮廓基本相同，而且不涉及门窗的绘制，因此比较简单，在此不再详细描述。绘制结果如图 12-45 所示。

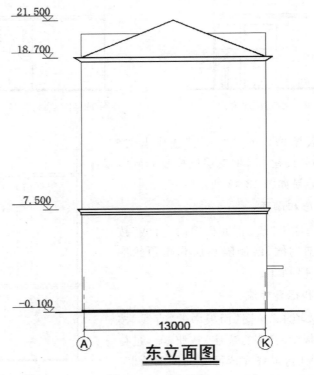

图 12-45　东立面图

12.3　上机实验

12.3.1　实验1　绘制别墅南立面图

绘制如图12-46所示的别墅的南立面图。该图为别墅的正面,所以布局相对复杂。通过本实验的练习,读者可初步掌握立面图的绘制方法与思路。

图 12-46　南立面图

12.3.2　实验2　绘制别墅北立面图

绘制如图12-47所示别墅的北立面图。该面为别墅的背面,所以布局一般也较复杂。通过本实验的练习,读者可进一步掌握立面图的绘制方法与思路。

图 12-47　北立面图

12.3.3　实验3　绘制别墅西立面图

绘制如图12-48所示的别墅的西立面图。该面为别墅的侧面,布局一般以窗和栏杆为主。通过本实验的练习,读者可深入掌握立面图的绘制方法与思路。

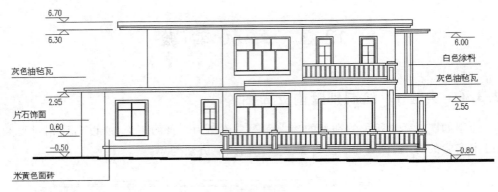

<big>**西立面图**</big>

图 12-48   西立面图

12.3.4   实验 4   绘制别墅东立面图

绘制如图 12-49 所示的别墅的东立面图。该面为别墅的反侧面，所以布局一般以窗为主，相对简单。通过本实验的练习，读者可全面掌握立面图的绘制方法与思路。

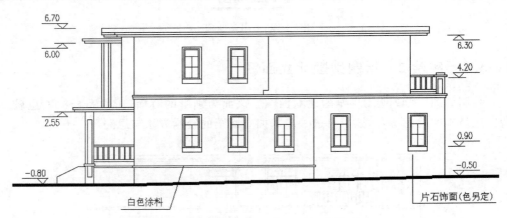

<big>**东立面图**</big>

图 12-49   东立面图

绘制建筑剖面图

> 　　建筑剖面图主要反映建筑物的结构形式、垂直空间利用、各层构造做法和门窗洞口高度等。本章以某商住楼的 1—1 剖面图、2—2 剖面图为例,详细论述运用 AutoCAD 2022 绘制建筑剖面图的方法与相关技巧。

学 习 要 点

◆ 建筑剖面图绘制概述
◆ 某商住楼剖面图绘制

13.1　建筑剖面图绘制概述

建筑剖面图是与平面图和立面图相互配合来表达建筑物的重要图样,它主要反映建筑物的结构形式、垂直空间利用、各层构造做法和门窗洞口高度等。

13.1.1　建筑剖面图的概念及图示内容

剖面图是指用一剖切面将建筑物的某一位置剖开,移去一侧后,剩下的一侧沿剖视方向的正投影图。根据工程的需要,绘制一个剖面图可以选择 1 个剖切面、2 个平行的剖切面或 2 个相交的剖切面,如图 13-1 所示。对于两个相交剖切面的情况,应在图中注明"展开"二字。剖面图与断面图有以下区别:剖面图除了表示剖切到的部位外,还应表示出在投射方向看到的构配件轮廓(即所谓的"看线");而断面图只需要表示剖切到的部位。

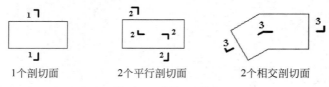

1个剖切面　　　2个平行剖切面　　　2个相交剖切面

图 13-1　剖切面形式

对于不同的设计深度,图示内容也有所不同。

方案阶段:重点在于表达剖切部位的空间关系、建筑层数、高度、室内外高度差等。剖面图中应注明室内外地坪标高、楼层标高、建筑总高度(室外地面至檐口)、剖面标号、比例或比例尺等。如果有建筑高度控制,还需标明最高点的标高。

初步设计阶段:需要在方案图基础上增加主要内外承重墙、柱的定位轴线和编号,更加详细、清晰、准确地表达出建筑结构、构件(剖切到的或看到的墙、柱、门窗、楼板、地坪、楼梯、台阶、坡道、雨篷、阳台等)本身及相互关系。

施工阶段:在优化、调整和丰富初设图的基础上,图示内容最为详细。一方面是剖切到的和看到的构配件图样准确、详尽、到位;另一方面是标注详细。除标注室内外地坪、楼层、屋面突出物、各构配件的标高外,还需要标注竖向尺寸和水平尺寸。竖向尺寸包括外部 3 道尺寸(与立面图类似)和内部地坑、隔断、吊顶、门窗等部位的尺寸;水平尺寸包括两端和内部剖切到的墙、柱定位轴线间的尺寸及轴线编号。

13.1.2　剖切位置及投射方向的选择

根据规定,剖面图的剖切部位应根据图纸的用途或设计深度,选择空间复杂,能反映建筑全貌、构造特征以及有代表性的部位。

投射方向一般宜向左、向上,当然也要根据工程情况而定。剖切符号在底层平面图中,短线指向为投射方向。剖面图编号标注在投射方向那侧,剖切线若有转折,应在转角的外侧加注与该符号相同的编号。

13.1.3 建筑剖面图绘制的一般步骤

建筑剖面图一般在平面图、立面图的基础上,参照其进行绘制。剖面图绘制的一般步骤如下。

(1)设置绘图环境。

(2)确定剖切位置和投射方向。

(3)绘制定位辅助线,包括墙、柱定位轴线、楼层水平定位辅助线及其他剖面图样的辅助线。

(4)绘制剖面图样及看线,包括剖切到的和看到的墙柱、地坪、楼层、屋面、门窗(幕墙)、楼梯、台阶及坡道、雨篷、窗台、窗楣、檐口、阳台、栏杆及各种线脚等。

(5)绘制配景,包括植物、车辆、人物等。

(6)尺寸标注、文字标注。

13.2 某商住楼剖面图绘制

本节继续以某商住楼剖面图的绘制为例,进一步讲解剖面图的绘制方法与技巧。

13.2.1 确定剖切位置和投射方向

根据商住楼方案的情况,选择1—1和2—2剖切位置。1—1剖切位置为住宅楼梯间,2—2剖切位置为商场楼梯间。

13.2.2 1—1剖面图绘制

 设计思路

首先设置绘图环境,其次绘制定位辅助线,继续利用辅助线绘制各层的图形,最后标注尺寸、文字。

 操作步骤

1.设置绘图环境

(1)利用 LIMITS 命令设置图幅为 42000×29700。

(2)利用 LAYER 命令创建"剖面"图层。

2.绘制定位辅助线

(1)将"剖面"图层设置为当前图层。

(2)复制 11.2.1 节绘制的一层平面图、11.2.3 节绘制的三层平面图和 12.2.1 节绘制的南立面图。调用"直线"命令,在立面图左侧同一水平线上绘制室外地平线位置。然后采用与绘制立面图定位辅助线相同的方法绘制出剖面图的定位辅助线。结果如图 13-2 所示。

3.绘制室外地平线

单击"默认"选项卡"绘图"面板中的"直线"按钮 ∕ 和"修改"面板中的"偏移"按

13-1

13-2

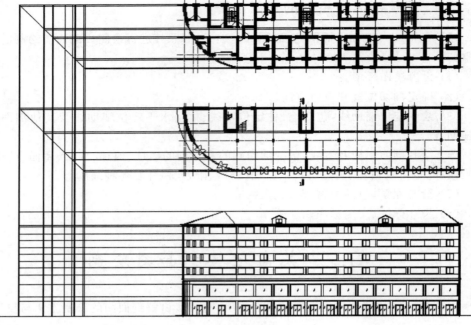

图 13-2　绘制定位辅助线

钮 ⊑ ,根据平面图中的室内外标高,确定室内外地平线的位置,室内外高度差为 100。然后将直线设置为粗实线。结果如图 13-3 所示。

4.绘制墙线

单击"默认"选项卡"绘图"面板中的"直线"按钮 ╱ ,根据定位直线绘制墙线,并将墙线线宽设置为 0.3。结果如图 13-4 所示。

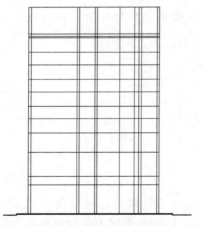

图 13-3　绘制室外地平线

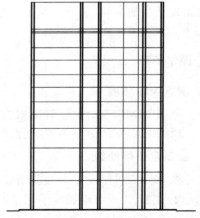

图 13-4　绘制墙线

5.绘制一层楼板

(1)单击"默认"选项卡"修改"面板中的"偏移"按钮 ⊑ ,根据楼层层高,将室内地平线向上偏移 3600,得到一层楼板的顶面,然后将偏移后的直线依次向下偏移 100 和 600。

（2）单击"默认"选项卡"修改"面板中的"修剪"按钮 ，将偏移后的直线进行修剪，得到一层楼板轮廓。

（3）单击"默认"选项卡"绘图"面板中的"图案填充"按钮 ，将楼板层用 SOLID 图案进行填充。结果如图 13-5 所示。

6.绘制二层楼板和屋檐

利用绘制一层楼板的方法，绘制二层楼板。单击"默认"选项卡"绘图"面板中的"直线"按钮 、"图案填充"按钮 和"修改"面板中的"修剪"按钮 ，绘制屋檐。结果如图 13-6 所示。

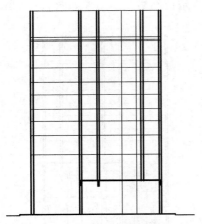

图 13-5　绘制一层楼板

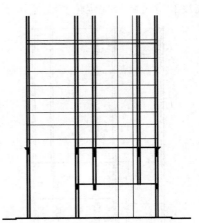

图 13-6　绘制二层楼板和屋檐

7.绘制一、二层门窗

（1）单击"默认"选项卡"绘图"面板中的"直线"按钮 和"修改"面板中的"修剪"按钮 ，绘制图形并利用"多线"命令，绘制一层门窗。结果如图 13-7 所示。

（2）单击"默认"选项卡"修改"面板中的"复制"按钮 ，将一层门窗复制到二层相应的位置。单击"默认"选项卡"修改"面板中的"修剪"按钮 ，修剪墙线。结果如图 13-8 所示。

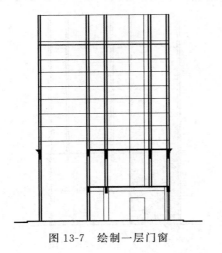

图 13-7　绘制一层门窗

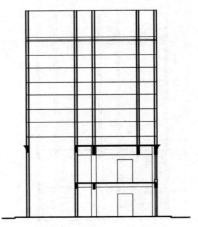

图 13-8　绘制二层门窗

8. 绘制一、二层楼梯

一层层高 3.6m,二层层高 3.9m,将一、二层楼梯分为 5 段,每段楼梯设 9 级台阶,踏步高度为 167mm,宽度为 260mm。

(1)绘制定位直线。单击"默认"选项卡"修改"面板中的"偏移"按钮 ⊆,将楼梯间左侧的内墙线分别向右偏移 1080 和 1280,将楼梯间右侧的内墙线分别向左偏移 1100 和 1300。将室内地平线在高度方向上连续偏移 5 次,间距为 1500,并将偏移后的直线线型设置为细线。结果如图 13-9 所示。

(2)绘制定位网格线。单击"默认"选项卡"绘图"面板中的"直线"按钮 ╱,根据楼梯踏步高度和宽度将楼梯定位直线等分,绘制出踏步定位网格线。结果如图 13-10 所示。

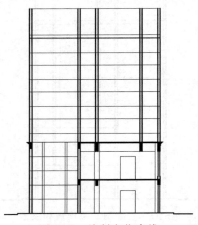

图 13-9　绘制定位直线

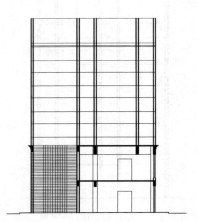

图 13-10　绘制楼梯定位网格线

(3)绘制平台板和平台梁。单击"默认"选项卡"绘图"面板中的"直线"按钮 ╱ 和"矩形"按钮 ▭,根据定位网格线绘制出平台板及平台梁,平台板高 100mm,平台梁高 400mm、宽 200mm。结果如图 13-11 所示。

(4)绘制梯段。单击"默认"选项卡"绘图"面板中的"直线"按钮 ╱ 和"多段线"按钮 ⌐,根据定位网格线,绘制出楼梯梯段。结果如图 13-12 所示。

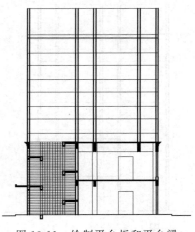

图 13-11　绘制平台板和平台梁

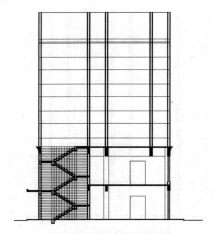

图 13-12　绘制楼梯梯段

（5）图案填充。单击"默认"选项卡"修改"面板中的"删除"按钮 ，删除定位网格线。单击"默认"选项卡"绘图"面板中的"图案填充"按钮 ，将剖切到的梯段层用SOLID 图案进行填充。结果如图 13-13 所示。

（6）绘制扶手。扶手高度为 1100mm，调用"直线"命令，从踏步中心出发绘制两条高度为 1100mm 的直线，确定栏杆的高度。单击"默认"选项卡"绘图"面板中的"多段线"按钮 ，绘制出栏杆扶手的上轮廓。单击"默认"选项卡"修改"面板中的"偏移"按钮 ，将构造线向下偏移 50。单击"默认"选项卡"绘图"面板中的"直线"按钮 和"修改"面板中的"修剪"按钮 ，绘制楼梯扶手转角。结果如图 13-14 所示。

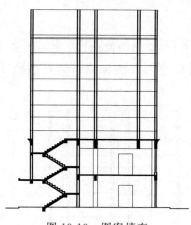

图 13-13 图案填充

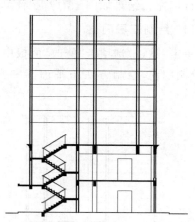

图 13-14 绘制楼梯扶手

（7）绘制栏杆。单击"默认"选项卡"绘图"面板中的"矩形"按钮 ，绘制栏杆下轮廓。调用"直线"命令，绘制栏杆的立杆。单击"默认"选项卡"修改"面板中的"复制"按钮 ，复制绘制好的栏杆到合适位置，完成栏杆的绘制。结果如图 13-15 所示。

9. 绘制二层楼梯间窗户

单击"默认"选项卡"绘图"面板中的"直线"按钮 和"修改"面板中的"修剪"按钮 ，绘制二层楼梯间窗户。结果如图 13-16 所示。

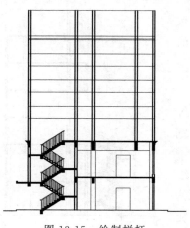

图 13-15 绘制栏杆

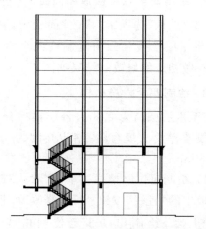

图 13-16 绘制二层楼梯间窗户

10. 绘制三层楼板

（1）单击"默认"选项卡"修改"面板中的"偏移"按钮 ⊆ ，根据楼层层高，将二层楼板顶面线向上偏移2800，得到三层楼板的顶面，然后将偏移后的直线依次向下偏移100和400。

（2）单击"默认"选项卡"修改"面板中的"修剪"按钮 ⅔ ，将偏移后的直线进行修剪，得到三层楼板轮廓。

（3）单击"默认"选项卡"绘图"面板中的"图案填充"按钮 ▩ ，将楼板层用SOLID图案进行填充。结果如图13-17所示。

11. 绘制三层门窗

单击"默认"选项卡"修改"面板中的"修剪"按钮 ⅔ ，绘制门窗洞口。调用"多线"命令，绘制门窗，绘制方法与平面图和立面图中的门窗绘制方法相同。结果如图13-18所示。

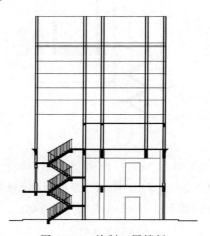
图13-17　绘制三层楼板

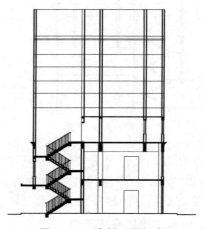
图13-18　绘制三层门窗

12. 绘制四至六层楼板和门窗

单击"默认"选项卡"修改"面板中的"复制"按钮 ℅ ，将三层楼板和门窗复制到四至六层相应的位置，并做相应的修改。结果如图13-19所示。

13. 绘制四至六层楼梯

四至六层层高为2.8m，各层楼梯分为两段等跑，每段楼梯设9级台阶，踏步高度为156mm，宽度为260mm。

（1）绘制定位网格线。单击"默认"选项卡"绘图"面板中的"直线"按钮 ／ 和"修改"面板中的"偏移"按钮 ⊆ ，绘制出踏步定位网格线。结果如图13-20所示。

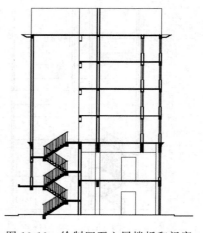
图13-19　绘制四至六层楼板和门窗

（2）绘制平台板和平台梁。单击"默认"选项卡"绘图"面板中的"直线"按钮 ╱ 和"矩形"按钮 ▢ ，根据定位网格线，绘制出平台板及平台梁。结果如图13-21所示。

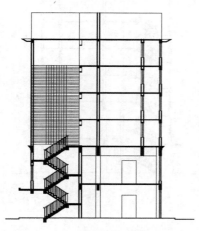

图13-20　绘制踏步定位网格线

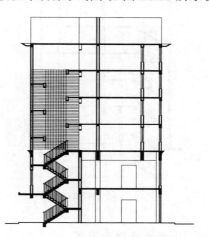

图13-21　绘制平台板和平台梁

（3）绘制梯段。单击"默认"选项卡"绘图"面板中的"直线"按钮 ╱ 和"多段线"按钮 ，根据定位网格线，绘制出楼梯梯段。结果如图13-22所示。

（4）图案填充。单击"默认"选项卡"修改"面板中的"删除"按钮 ，删除定位网格线。单击"默认"选项卡"绘图"面板中的"图案填充"按钮 ▨ ，将剖切到的梯段层用SOLID图案进行填充。结果如图13-23所示。

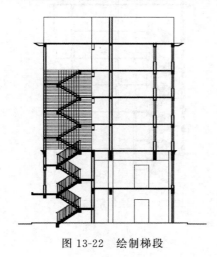

图13-22　绘制梯段

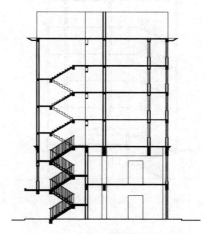

图13-23　图案填充

（5）绘制扶手和栏杆。单击"默认"选项卡"绘图"面板中的"矩形"按钮 ▢ 、"修改"面板中的"复制"按钮 和"偏移"按钮 ，绘制扶手和栏杆。结果如图13-24所示。

14. 绘制四至六层楼梯间窗户

单击"默认"选项卡"修改"面板中的"修剪"按钮 ，绘制门窗洞口。调用"多线"命令，绘制楼梯间窗户。结果如图13-25所示。

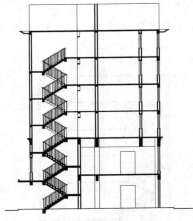

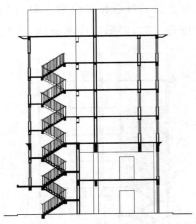

图 13-24　绘制扶手和栏杆　　　　　　　图 13-25　绘制楼梯间窗户

15. 绘制隔热层和屋顶

单击"默认"选项卡"绘图"面板中的"直线"按钮 ╱ 、"圆"按钮 ⊙ 、"图案填充"按钮 ▧ 和"修改"面板中的"偏移"按钮 ⊂ ，绘制隔热层和屋顶。结果如图 13-26 所示。

16. 绘制隔热层窗户

调用"多线"命令，绘制隔热层窗户。结果如图 13-27 所示。

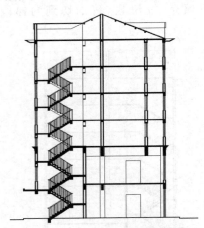

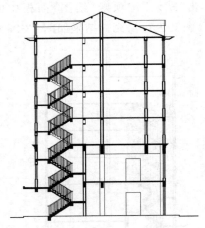

图 13-26　绘制隔热层和屋顶　　　　　　图 13-27　绘制隔热层窗户

17. 文字标注和尺寸标注

（1）单击"注释"选项卡"标注"面板中的"线性"按钮 ├─┤ 、"连续"按钮 ╫ 和"文字"面板中的"多行文字"按钮 **A** ，标注楼梯尺寸。结果如图 13-28 所示。

（2）重复调用上述命令，标注门窗洞口尺寸。结果如图 13-29 所示。

（3）单击"注释"选项卡"标注"面板中的"线性"按钮 ├─┤ 、"连续"按钮 ╫ 和"文字"面板中的"多行文字"按钮 **A** ，标注层高尺寸、总体长度尺寸和标高。结果如图 13-30 所示。

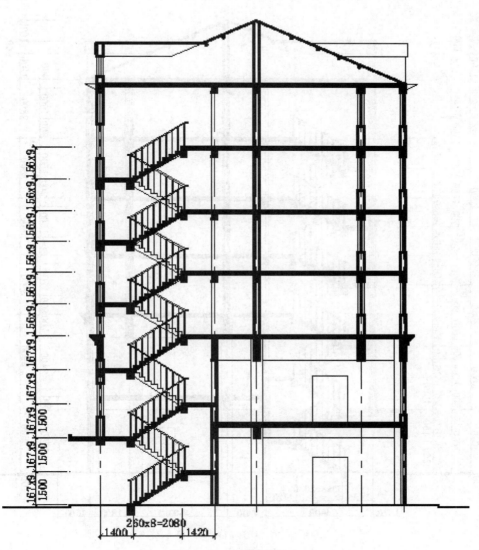

图 13-28　标注楼梯尺寸

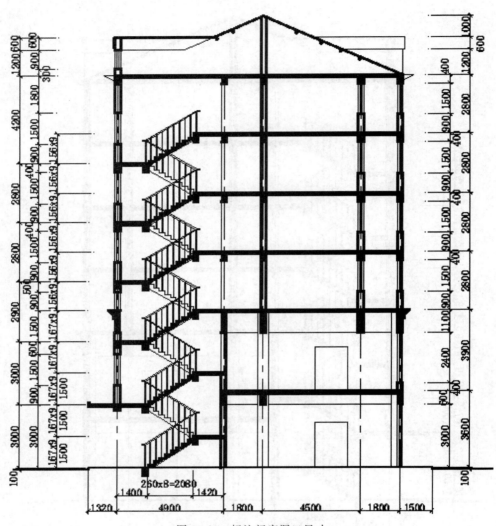

图 13-29　标注门窗洞口尺寸

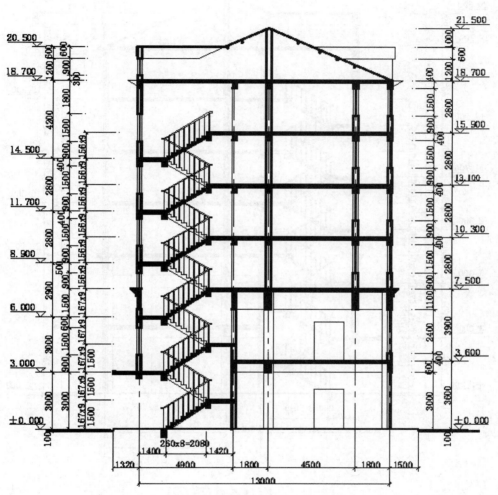

图 13-30　标注层高尺寸和标高

（4）单击"默认"选项卡"绘图"面板中的"圆"按钮 ⊙、"注释"面板中的"多行文字"按钮 **A** 和"修改"面板中的"复制"按钮 ⅋，进行轴线号标注和文字说明。最终完成 1—1 剖面图的绘制，如图 13-31 所示。

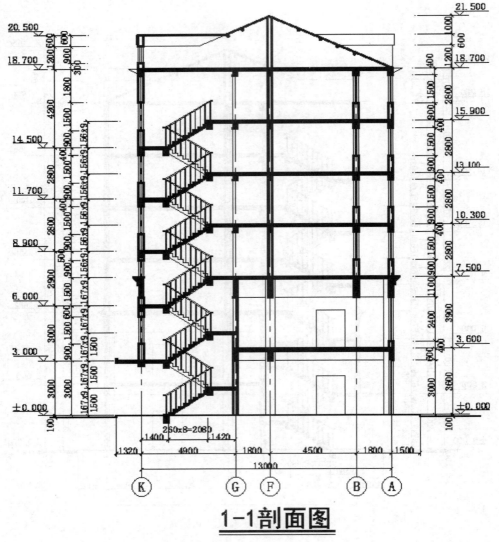

1—1剖面图

图 13-31　1—1 剖面图

13.2.3　2—2 剖面图绘制

如图 13-32 所示，2—2 剖面图的绘制方法与 1—1 剖面图类似，首先设置绘图环境，其次绘制定位辅助线，继续利用辅助线绘制各层的图形，最后标注尺寸、文字，具体步骤不再赘述。

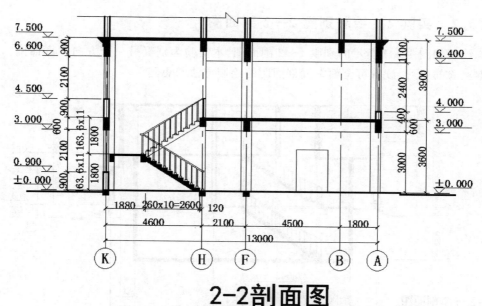

2-2剖面图

图 13-32　2—2 剖面图

13.3　上机实验

13.3.1　实验1　绘制别墅1—1剖面图

绘制如图 13-33 所示的别墅 1—1 剖面图,本实验主要表现门、楼梯和墙等内部结构。通过本实验的练习,读者可初步掌握剖面图的绘制方法与思路。

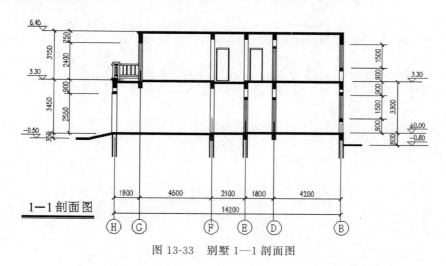

1—1 剖面图

图 13-33　别墅 1—1 剖面图

13.3.2　实验 2　绘制别墅 2—2 剖面图

绘制如图 13-34 所示的别墅 2—2 剖面图,本实验为别墅另一个方向的剖面图。通过本实验的练习,读者可全面掌握剖面图的绘制方法与思路。

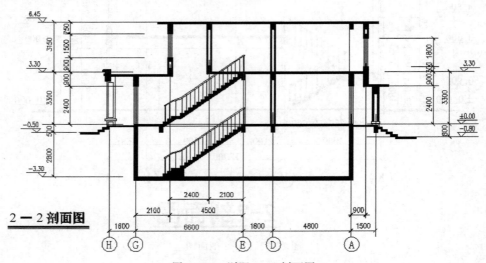

图 13-34　别墅 2—2 剖面图

第**14**章

绘制建筑详图

　　建筑详图设计是建筑施工图绘制过程中的一项重要内容,与建筑构造设计息息相关。本章首先简要介绍建筑详图的基本知识,然后结合实例讲解在 AutoCAD 中绘制详图的方法和技巧。

学 习 要 点

◆ 建筑详图绘制概述
◆ 建筑相关详图绘制

14.1 建筑详图绘制概述

在正式介绍用 AutoCAD 绘制建筑详图之前,先简要介绍详图绘制的基本知识和绘制步骤。

14.1.1 建筑详图的概念

前面介绍的平面图、立面图和剖面图均是全局性的图形,由于比例的限制,不可能将一些复杂的细部或局部做法表示清楚,因此需要将这些细部、局部的构造、材料及相互关系用较大的比例详细绘制出来,以指导施工。这样的建筑图形称为建筑详图,也称详图。对局部平面(如厨房、卫生间)进行放大绘制的图形,习惯叫作放大图。需要绘制详图的位置一般包括室内外墙节点、楼梯、电梯、厨房、卫生间、门窗、室内外装饰等。

室内、外墙节点一般用平面和剖面表示,常用比例为 1:20。平面节点详图表示出墙、柱或构造柱的材料和构造关系。剖面节点详图即常说的墙身详图,需要表示出墙体与室内外地坪、楼面、屋面的关系,同时表示出相关的门窗洞口、梁或圈梁、雨篷、阳台、女儿墙、檐口、散水、防潮层、屋面防水、地下室防水等构造的做法。墙身详图可以从室内外地坪、防潮层处开始一直画到女儿墙压顶。为了节省图纸,可以在门窗洞口处断开,也可以重点绘制地坪、中间层和屋面处的几个节点,而将中间层重复使用的节点集中到一个详图中表示。节点一般由上到下进行编号。

14.1.2 建筑详图的图示内容

楼梯详图包括平面、剖面及节点三部分。平面、剖面详图常用 1:50 的比例来绘制,而楼梯中的节点详图则可以根据对象大小酌情采用 1:5、1:10、1:20 等比例。楼梯平面图与建筑平面图不同的是,楼梯平面图需绘制出楼梯及其四面相接的墙体,并且需要准确地表示出楼梯间净空尺寸、梯段长度、梯段宽度、踏步宽度和级数、栏杆(栏板)的大小及位置,以及楼面、平台处的标高等;楼梯剖面图只需绘制出与楼梯相关的部分,其相邻部分可用折断线断开。选择在底层第一跑梯段并能够剖到门窗的位置进行剖切,向底层另一跑梯段方向投射。尺寸不仅需要标注层高、平台、梯段、门窗洞口、栏杆高度等竖向尺寸,还应标注出室内外地坪、平台、平台梁底面等的标高。水平方向需要标注定位轴线及编号、轴线尺寸、平台、梯段尺寸等。梯段尺寸一般用"踏步宽(高)×级数=梯段宽(高)"的形式表示。此外,楼梯剖面图上还应注明栏杆构造节点详图的索引编号。

电梯详图一般包括电梯间平面图、机房平面图和电梯间剖面图三部分,常用 1:50 的比例进行绘制。平面图需要表示出电梯井、电梯厅、前室相对定位轴线的尺寸及其自身的净空尺寸,还需要表示出电梯图例及配重位置、电梯编号、门洞大小及开取形式、地坪标高等。机房平面图需表示出设备平台位置及平面尺寸、顶面标高、楼面标高,以及通往平台的梯子形式等。剖面图需要剖切在电梯井、门洞处,表示出地坪、楼层、地坑、机房平台等竖向尺寸和高度,标注出门洞高度。为了节约图纸,中间相同部分可以折断

Note

绘制。

厨房、卫生间放大图根据其大小可酌情采用1∶30、1∶40、1∶50的比例进行绘制。需要详细表示出各种设备的形状、大小、位置、地面设计标高、地面排水方向以及坡度等，对于需要进一步说明的构造节点，则应标明详图索引符号、绘制节点详图，或引用图集。

门窗详图包括立面图、断面图、节点详图等。立面图常用1∶20的比例进行绘制，断面图常用1∶5的比例进行绘制，节点详图常用1∶10的比例进行绘制。标准化的门窗可以引用有关标准图集，说明其门窗图集编号和所在位置。根据《建筑工程设计文件编制深度规定》(2016年版)，非标准的门窗、幕墙需绘制详图。如委托加工，则需绘制出立面分格图，标明开取扇，开取方向，说明材料、颜色及其与主体结构的连接方式等。

就图形而言，详图兼有平、立、剖面图的特征，综合了平、立、剖面图绘制的基本操作方法，并具有自己的特点，对于掌握一定绘图程序的用户，绘图难度不大。真正的难度在于对建筑构造、建筑材料、建筑规范等相关知识的掌握。

14.1.3 建筑详图绘制的一般顺序

建筑详图绘制的一般顺序如下。

(1)绘制图形轮廓，包括断面轮廓和界线。

(2)填充材料图例，包括各种材料图例的选用和填充。

(3)标注符号、尺寸、文字等，包括设计深度要求的轴线及编号、标高、索引、折断符号和尺寸、说明文字等。

14.2 建筑相关详图绘制

建筑详图种类较多，如卫生间大样、墙体大样、节点详图等，它们是建筑图纸不可缺少的部分。

本节通过详细论述屋面女儿墙详图、建筑台阶详图和建筑构造节点详图等的设计方法与技巧，使读者学习掌握在面对构造复杂的建筑时，如何根据其构造形式，有序而准确地创建出完整的图形。

图14-1所示是某建筑的节点详图。

14.2.1 屋面女儿墙详图绘制

设计思路

建筑女儿墙有多种形式，下面以图14-2所示的常见的女儿墙形式为例，说明其绘制方法与技巧。

操作步骤

(1)单击"默认"选项卡"绘图"面板中的"直线"按钮 ╱ 和"圆"按钮 ⊙，绘制定位轴线，如图14-3所示。

14-1

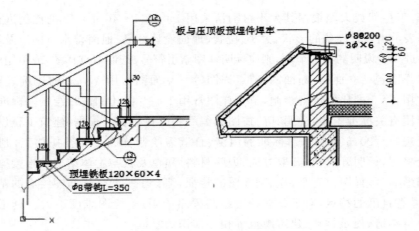

图 14-1　建筑节点详图

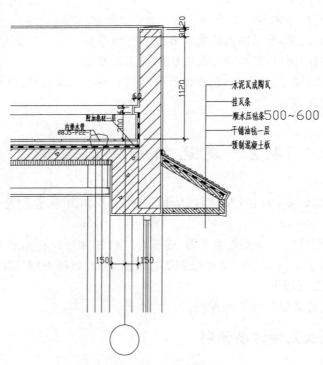

图 14-2　女儿墙详图

说明：不必标注轴线编号。

（2）单击"默认"选项卡"绘图"面板中的"多段线"按钮 ，绘制屋面楼板和结构墙体，如图 14-4 所示。

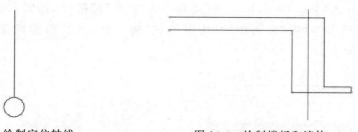

图 14-3　绘制定位轴线　　　　　　　图 14-4　绘制楼板和墙体

（3）单击"默认"选项卡"绘图"面板中的"直线"按钮 ╱，绘制女儿墙墙体，如图 14-5 所示。

（4）将绘制的女儿墙转换成多段线，并将多段线的宽度设置为 5。

（5）单击"默认"选项卡"修改"面板中的"偏移"按钮 ⊆，将楼板图线偏移从而得到平行轮廓线，如图 14-6 所示。

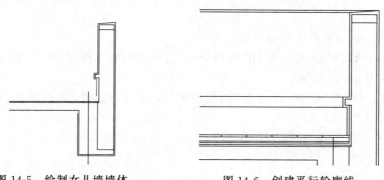

图 14-5　绘制女儿墙墙体　　　　　　图 14-6　创建平行轮廓线

（6）单击"默认"选项卡"绘图"面板中的"多段线"按钮 ⌐⊃ 和"修改"面板中的"偏移"按钮 ⊆，绘制吊顶和窗户轮廓线，如图 14-7 所示。

（7）单击"默认"选项卡"绘图"面板中的"直线"按钮 ╱ 和"圆弧"按钮 ╱，绘制雨水管轮廓线，如图 14-8 所示。

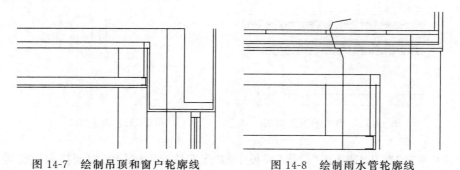

图 14-7　绘制吊顶和窗户轮廓线　　　图 14-8　绘制雨水管轮廓线

（8）单击"默认"选项卡"修改"面板中的"镜像"按钮 ⚠，对上面绘制的雨水管轮廓线进行镜像，从而得到雨水管，如图 14-9 所示。

（9）单击"默认"选项卡"绘图"面板中的"直线"按钮 ╱，绘制多条竖直直线。单击"默认"选项卡"绘图"面板中的"图案填充"按钮 ▦，进行图案填充，创建防水层，如图 14-10 所示。

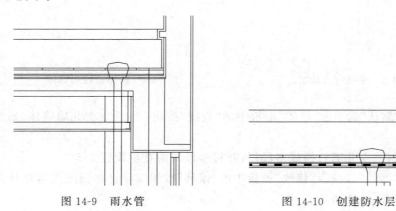

图 14-9　雨水管　　　　　　　　　图 14-10　创建防水层

说明：防水层由黑白相间图形表示。

（10）单击"默认"选项卡"绘图"面板中的"直线"按钮 ╱ 和"圆弧"按钮 ⌒，创建吊顶保温层，如图 14-11 所示。

（11）单击"视图"选项卡"导航"面板中的"实时"按钮 ，观察图形，如图 14-12 所示。

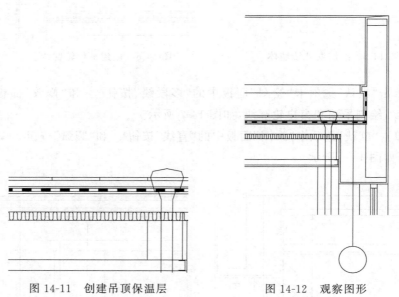

图 14-11　创建吊顶保温层　　　　　图 14-12　观察图形

（12）单击"默认"选项卡"绘图"面板中的"图案填充"按钮 ▦，对墙体和楼板进行图案填充，如图 14-13 所示。

（13）单击"默认"选项卡"绘图"面板中的"直线"按钮 ╱，绘制挑檐口水平结构板造型，如图 14-14 所示。

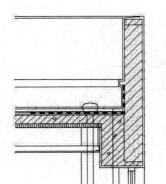

图 14-13 对墙体和楼板进行填充

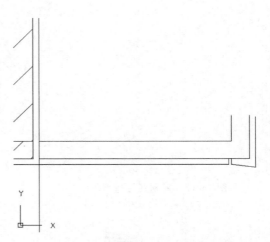

图 14-14 绘制挑檐口水平结构板造型

说明：檐口宽度为 600～1000mm。

（14）单击"默认"选项卡"绘图"面板中的"直线"按钮 ╱，绘制挑檐口斜向结构板造型，如图 14-15 所示。

（15）单击"默认"选项卡"绘图"面板中的"直线"按钮 ╱，勾画瓦片造型，如图 14-16 所示。

说明：瓦片造型为重叠式。

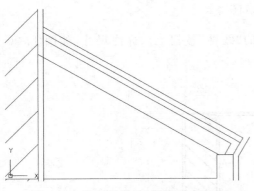

图 14-15 绘制挑檐口斜向结构板造型

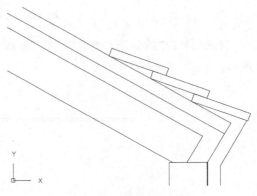

图 14-16 勾画瓦片造型

（16）单击"默认"选项卡"修改"面板中的"复制"按钮 ╬，复制瓦片造型，如图 14-17 所示。

（17）单击"默认"选项卡"绘图"面板中的"直线"按钮 ╱，绘制挑檐口防水层造型。单击"默认"选项卡"绘图"面板中的"图案填充"按钮 ▤，通过填充得到小实心体造型，如图 14-18 所示。

（18）单击"默认"选项卡"绘图"面板中的"图案填充"按钮 ▤，对挑檐口的结构板填充材质造型，如图 14-19 所示。

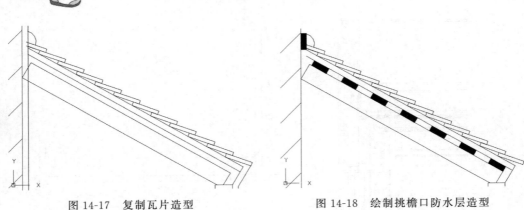

图 14-17　复制瓦片造型　　　　　图 14-18　绘制挑檐口防水层造型

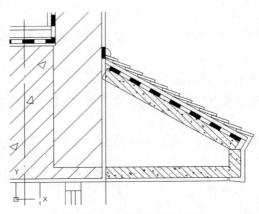

图 14-19　填充材质造型

（19）单击"默认"选项卡"注释"面板中的"线性"按钮，标注尺寸，如图 14-20 所示。

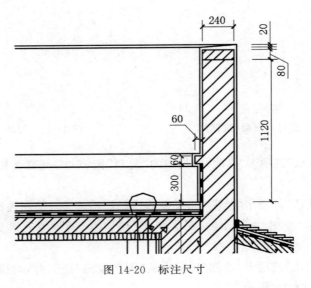

图 14-20　标注尺寸

（20）单击"默认"选项卡"注释"面板中的"多行文字"按钮 **A**，标注说明文字和构造做法，完成女儿墙建筑详图的绘制，如图 14-21 所示。

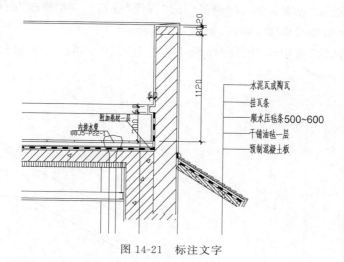

图 14-21 标注文字

14.2.2 建筑台阶详图绘制

 设计思路

14-2

下面以图 14-22 所示的常见台阶形式为例，说明建筑台阶详图的绘制方法与技巧。

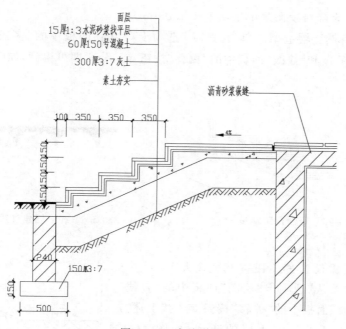

图 14-22 台阶详图

操作步骤

（1）单击"默认"选项卡"绘图"面板中的"直线"按钮 ／ 和"修改"面板中的"偏移"按钮 ⊆，绘制台阶处的墙体轮廓线，如图 14-23 所示。

（2）单击"默认"选项卡"绘图"面板中的"多段线"按钮 ⊃，绘制台阶轮廓线，如图 14-24 所示。

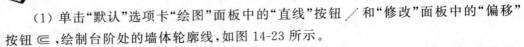

图 14-23　绘制台阶处的墙体轮廓线

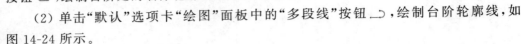

图 14-24　绘制台阶轮廓线

（3）单击"默认"选项卡"绘图"面板中的"直线"按钮 ／，绘制台阶踏步，如图 14-25 所示。

说明：台阶踏步高度小于或等于 150mm。

（4）创建自然土壤造型。单击"默认"选项卡"绘图"面板中的"多段线"按钮 ⊃、"图案填充"按钮 ▩ 和"修改"面板中的"偏移"按钮 ⊆，分段即可得到，如图 14-26 所示。

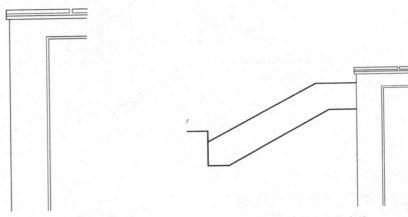

图 14-25　绘制台阶踏步

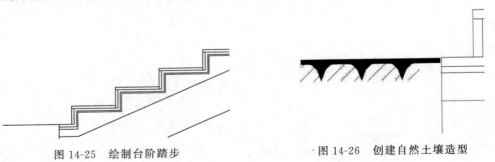

图 14-26　创建自然土壤造型

说明：需设置 PLINE 不同宽度大小。

（5）单击"默认"选项卡"绘图"面板中的"直线"按钮 ／ 和"修改"面板中的"偏移"按钮 ⊆，按上述方法，创建台阶下面的压实土层的造型，如图 14-27 所示。

图 14-27　创建台阶下面的图形

（6）单击"默认"选项卡"绘图"面板中的"直线"按钮 ╱，创建底部挡土墙造型，如图 14-28 所示。

（7）单击"默认"选项卡"绘图"面板中的"图案填充"按钮 ▨，进行两次填充，如图 14-29 所示。

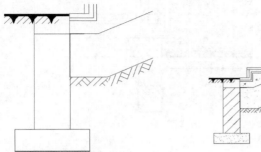

图 14-28 创建挡土墙造型

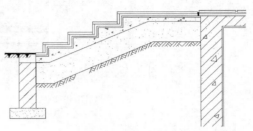

图 14-29 进行两次填充

（8）单击"默认"选项卡"注释"面板中的"线性"按钮 ⊢⊣，标注尺寸。单击"默认"选项卡"注释"面板中的"多行文字"按钮 **A**，标注说明文字和构造做法，完成台阶绘制。结果如图 14-30 所示。

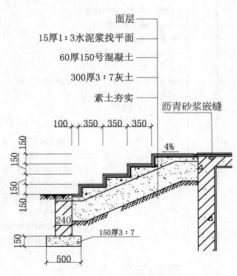

图 14-30 标注尺寸及文字等

14.3 上机实验

14.3.1 实验1 绘制栏杆详图

绘制图 14-31 所示的别墅栏杆的结构详图。通过本实验的练习，读者可初步掌握结构详图的绘制方法与思路。

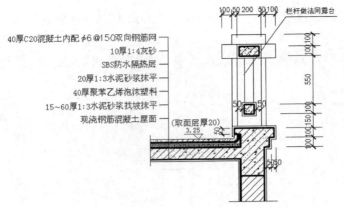

40厚C20混凝土内配φ6@150双向钢筋网
10厚1:4灰砂
SBS防水隔热层
20厚1:3水泥砂浆抹平
40厚聚苯乙烯泡沫塑料
15～60厚1:3水泥砂浆找坡抹平
现浇钢筋混凝土屋面

图 14-31　栏杆结构详图

14.3.2　实验 2　绘制别墅外墙身节点

绘制图 14-32 所示的外墙身节点详图。通过本实验的练习,读者可全面掌握结构详图的绘制方法与思路。

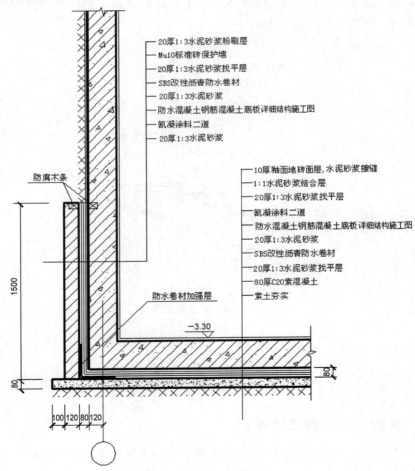

20厚1:3水泥砂浆粉刷层
Mu10标准砖保护墙
20厚1:3水泥砂浆找平层
SBS改性沥青防水卷材
20厚1:3水泥砂浆
防水混凝土钢筋混凝土底板详细结构施工图
氧凝涂料二道
20厚1:3水泥砂浆

10厚釉面地砖面层,水泥砂浆擦缝
1:1水泥砂浆结合层
20厚1:3水泥砂浆找平层
氧凝涂料二道
防水混凝土钢筋混凝土底板详细结构施工图
20厚1:3水泥砂浆
SBS改性沥青防水卷材
20厚1:3水泥砂浆找平层
80厚C20素混凝土
素土夯实

防腐木条

防水卷材加强层

图 14-32　地下室底部大样

第15章

绘制建筑施工图

在前面的章节中,讲解了 AutoCAD 2022 的基础知识和基本操作。然而,就平面图形来说,AutoCAD 建筑设计应用的高级阶段是施工图的绘制。为了让读者进一步深化这一部分的内容,本章以某住宅楼施工图为例,首先简要介绍工程概况,然后按照施工图编排顺序逐项说明其编制方法及要点。

学 习 要 点

◆ 建筑施工图绘制概述

◆ 封面及目录

◆ 施工图设计说明

◆ 平面图

◆ 立面图和剖面图

15.1 建筑施工图绘制概述

为了进一步深化前面介绍的内容,本章将以商住楼施工图为例,首先介绍工程概况,然后按照施工图的编排顺序逐项说明其编制方法及要点。

15.1.1 工程概况

工程概况主要介绍工程所处的地理位置、工程建设条件(包括地形、水文地质情况、不同深度的土壤分析、冻结期和冻层厚度、冬雨期时间、主导风向等)、工程性质、名称、用途、规模以及建筑设计的特点和要求。

本例工程为建设于华北地区某城市的一个住宅小区中的一栋商住楼。此商住楼为南北朝向,共六层,其中底部两层为大开间商场,三至六层为住宅,总建筑面积为 8097.6m^2。

该商住楼设计使用年限为 50 年,屋面防水等级为 3 级,抗震设防烈度为 6 度,底层为框架结构。

15.1.2 施工图概况

建筑施工图是在总体规划的前提下,根据建设任务要求和工程技术条件,用来表达房屋建筑的总体布局、房屋的空间组合设计、内部房间布置情况、外部形状、建筑各部分的构造做法及施工要求等的图形。它是整个设计的先行,处于主导地位,是房屋建筑施工的主要依据,也是结构设计、设备设计的依据,但它必须与其他设计工种配合。

建筑施工图包括基本图和详图,其中基本图有总平面图、建筑平面图、立面图和剖面图等,详图有墙身、楼梯、门窗、厕所、檐口以及各种装修构造的详细做法等。

建筑施工图的图示特点如下。

(1)施工图主要用正投影法绘制,在图幅大小允许时,可将平面图、立面图和剖面图按投影关系画在同一张图纸上,如果图幅过小,可分别画在几张图纸上。

(2)施工图一般用较小的比例绘制,在小比例图中无法表达清楚的结构,需要配以比例较大的详图。

(3)为使绘图简便,国家标准规定了一系列的图形符号来代表建筑构配件、卫生设备、建筑材料等。这些图形符号称为图例。为使读图方便,国家标准还规定了许多标注符号。

本例中施工图包括封面、目录、施工图设计说明、设计图纸四部分。其中,施工图设计说明包括文字部分、装修做法表、门窗统计表;设计图纸包括各层平面图三张,立面图和剖面图各两张,结构图八张。

15.2 封面及目录

本节简要介绍施工图的封面和目录制作的基本方法和大体内容。

15.2.1 封面

对于图纸封面,不同的设计单位有不同的设计风格,但其中必要的内容是不可少的。根据《建筑工程设计文件编制深度规定》(2016 年版)(以下简称《规定》)的要求,总封面应该包括项目名称,编制单位名称,项目的设计编号,设计阶段,编制单位法定代表人、技术负责人和项目总负责人的姓名及其签字或授权盖章,以及编制年月(即出图年月)等内容。

本例图纸总封面包含了规定的必需内容,如图 15-1 所示。

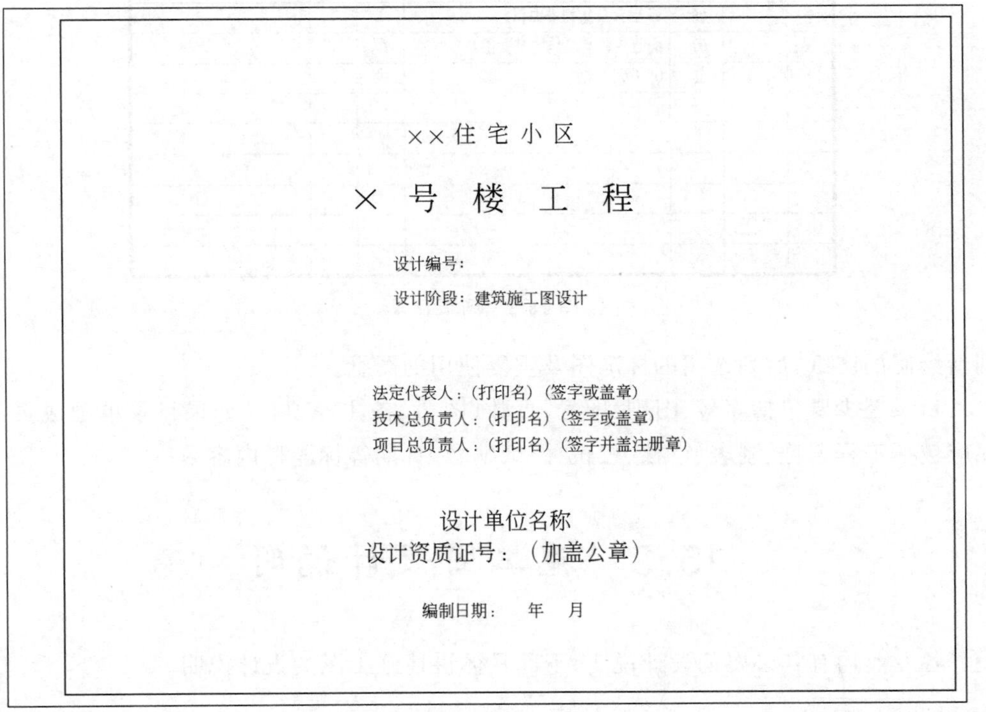

××住宅小区

×号楼工程

设计编号:

设计阶段:建筑施工图设计

法定代表人:(打印名) (签字或盖章)
技术总负责人:(打印名) (签字或盖章)
项目总负责人:(打印名) (签字并盖注册章)

设计单位名称
设计资质证号: (加盖公章)

编制日期: 年 月

图 15-1 图纸总封面

15.2.2 目录

目录用来说明图纸的编排顺序和所在位置。本例图纸目录如图 15-2 所示。

一般图纸的编排顺序如下:封面、目录、施工图设计说明、装修做法表、门窗统计表(总平面图)、各层平面图(由低向高排)、立面图、剖面图、详图(先主要,后次要)等。先

施工图目录

序号	图别	图号	图 纸 名 称	单位	数量	备 注
01	建施	01	设计说明 门窗表 装修表	页	1	
02		02	一、二层平面图	页	1	
03		03	三层、四层至六层平面图	页	1	
04		04	隔热层、屋顶平面图	页	1	
05		05	北立面图 1—1剖面图	页	1	
06		06	东、南、西立面图 2—2剖面图	页	1	
07	结施	01	结构说明 基础布置图	页	1	
08		02	平法说明	页	1	
09		03	柱定位及配筋图 二层楼面梁配筋图	页	1	
10		04	三层楼面梁配筋图	页	1	
11		05	二、三层楼面板配筋图	页	1	
12		06	四至六层结构平面图	页	1	
13		07	隔热层、屋顶结构平面图	页	1	
14		08	QL GZ L1–L9	页	1	

图纸目录表头：设计号；建设单位；设计阶段 结构施工图；工程名称；本表共 1 页 第1页

图 15-2　图纸目录

列新绘制的图纸,后列选用的标准图及重复使用的图纸。

　　目录至少要包括序号、图别、图号、页数、图名、备注等项目,如果目录单独成页,则还应包括工程名称、制表、审核、校正、图纸编号、日期等标题栏内容。

15.3　施工图设计说明

　　各专业均有其必要的设计说明,下面具体讲述施工图的设计说明。

15.3.1　概述

　　根据《规定》要求,设计说明应包括以下内容。

　　(1)本项工程施工图设计的依据文件、批文和相关规范。

　　(2)项目概况:包括工程名称、建设地点、建设单位、建筑面积、建筑基地面积、建筑层高及层数、防火设计建筑分类及耐火等级、人防工程防护等级、屋面防水等级、抗震设防烈度,以及与建筑规模相关的经济技术指标等。

　　(3)设计标高:说明±0.00标高与绝对标高的关系及室内外高度差。

（4）各部分用料说明和室内外装修：说明地下室、墙体、屋面、外墙、防潮层、散水、台阶等各部分的材料及构造做法。

（5）门窗表。

此外，还要根据具体情况，对施工图图面表达、建筑材料的选用及施工要求等方面进行必要说明。施工图设计说明应该条理清楚、说法到位，并且与设计图纸互为补充、相互协调。

15.3.2 书写施工图设计说明

本例施工图设计说明包括建筑说明、室内装修表、门窗表三部分。

1．建筑说明

书写建筑说明时，要求文字项目编号排列整齐、有序。

单击"默认"选项卡"注释"面板中的"多行文字"按钮 **A**，书写文字，可以自动换行、设置制表位及进行项目编号。建筑说明的文字输入结果如图 15-3 所示。

建筑说明

1.本工程按六度抗震设防，底层框架结构。其中底部两层为大空间商场，三至六层为住宅，建筑面积8097.6m²。
2.本工程采用《中南地区标准图集》，本工程尺寸标注除标高以米为单位外，其余均以毫米为单位，房屋有效使用年限为50年，屋面防水等级为II级。
3.所有墙身标高−0.060处设防潮层，具体做法为1：2水泥砂浆加3%防水剂，20mm厚。墙体为240mm厚眠墙，耐火等级为II级，进户门为乙级防火门，未注明墙垛均为120mm。
4.本制门窗均刷黄色调和漆三遍，与墙接触及与混凝土接触的木制构件均刷防腐油两遍。
5.阳台栏板98ZJ411⊕，所有梁端部预留阳台立柱筋4⌀12,6@200。
6.楼梯扶手详98ZJ401⊕，刷黑色调和漆两遍。楼梯栏杆详98ZJ401⊕，刷灰色调和漆两遍。底漆为防锈漆。
7.楼梯歇台、卫生间、厨房比厨楼面低40mm。
8.散水、暗沟两侧布置，宽900,98ZZJ901⊕。
9.未尽事宜请参照有关规范规程执行。

图 15-3 建筑说明

2．室内装修表

室内装修表一般包括楼层、房间、部位、备注等项目，表格内容为各部位的装修做法索引。表格内容要与图纸中的做法索引注释相对应。

调用"直线"命令，绘制表格。然后单击"默认"选项卡"注释"面板中的"多行文字"按钮 **A** 和"绘图"面板中的"圆"按钮 ⊙，填写表格内容，完成室内装修表。结果如图 15-4 所示。

室内装修表

	地 面	楼 面		顶 棚	踢脚或墙裙
商 场	98ZJ001 (地54/12)	98ZJ001	(楼2/14) 98ZJ001 面刷B08 三遍 (内4/30)	98ZJ001 面刷B08 三遍 (顶3/47)	98ZJ001 (踢4/22)
客 厅		98ZJ001	(楼2/14) 98ZJ001 面刷B08 三遍 (内4/30)	98ZJ001 面刷B08 三遍 (顶3/47)	98ZJ001 (踢4/22)
卫生间		98ZJ001	(楼2/14) 98ZJ001 (内10/31)	98ZJ001 面刷B08 三遍 (顶3/47)	98ZJ001 (踢4/38)
阳 台		98ZJ001	(楼2/14) 98ZJ001 面刷B08 三遍 (内4/30)	98ZJ001 面刷B08 三遍 (顶3/47)	98ZJ001 (踢4/22)
厨 房		98ZJ001	(楼2/14) 98ZJ001 (内10/31)	98ZJ001 面刷B08 三遍 (顶3/47)	98ZJ001 (踢4/38)
卧 室		98ZJ001	(楼2/14) 98ZJ001 面刷B08 三遍 (内4/30)	98ZJ001 面刷B08 三遍 (顶3/47)	98ZJ001 (踢4/22)
餐 厅		98ZJ001	(楼2/14) 98ZJ001 面刷B08 三遍 (内4/30)	98ZJ001 面刷B08 三遍 (顶3/47)	98ZJ001 (踢4/22)
梯 间	98ZJ001 (地54/12)	98ZJ001	(楼2/14) 98ZJ001 面刷B08 三遍 (内4/30)	98ZJ001 面刷B08 三遍 (顶3/47)	98ZJ001 (踢4/22)

图 15-4 室内装修表

3. 门窗表

门窗表旨在统计本项目工程的门窗规格、数量、制作说明等信息，以便备料、定做和施工。该表格一般包括门窗编号、门窗洞口大小、材料与形式、门窗数量、选用标准图集、备注等内容。表格内容要与图纸中的门窗编号、门窗详图及有关注释相对应。

与制作室内装修表的操作方法相同，首先单击"默认"选项卡"绘图"面板中的"直线"按钮／，绘制表格；然后单击"默认"选项卡"注释"面板中的"多行文字"按钮 **A**，填写门窗表内容。结果如图 15-5 所示。

门窗表

门窗编号	图集代号	洞口	尺寸	数		量				隔热层	备 注
			高	一	二	三	四	五	六		
N1	M11-1021	1000	2100			1	1	1	1		
N2	M11-0921	960	2100			4	4	4	4		
N3	M11-0921	900	2100			20	20	20	20		
N4	M11-0821	800	2100			5	5	5	5		
N5	M11-0721	700	2100			10	10	10	10		
N6	M11-2724	2700	2400			1	1	1	1		
C1		6360	1500			4	4	4	4		铝合金窗
C2		3000	1500			4	4	4	4		
C3		1500	1500			12	12	12	12		
C4		1200	1500			9	12	12	12		
C5		900	1500			6	6	6	6		
C6		6000	1500			1	1	1	1		
C7		1200	900			3				5	
C8		3360	1500			1	1	1	1		
C9		1800	2600	1	1						

注：一层大玻璃门均为柱间净距宽×3000mm高，一层大玻璃窗均为柱间净距宽×2700mm高
注：二层大玻璃窗均为柱间净距宽×2600mm高

图 15-5　门窗表

在绘制表格时，可以单击"默认"选项卡"绘图"面板中的"直线"按钮／，也可以在 Word 或 Excel 中制作，然后进行 OLE 链接。

15.4 平 面 图

本节以 10.2 节绘制的商住楼平面图为例，简要讲述在施工图中平面图的具体设计方法。

15.4.1 概述

根据《规定》要求，建筑施工图的平面图部分应包括以下内容。

（1）承重墙、柱及其定位轴线、轴线编号、内外门窗编号、房间名或编号等。

（2）轴线总尺寸或外包总尺寸、轴线间尺寸、门窗洞口尺寸、分段尺寸等。

（3）墙厚、柱或壁柱截面尺寸及其相对于轴线的定位尺寸。

（4）楼梯及其位置、上下方向指引和编号、索引。

（5）底层室内外地坪标高和各层楼面标高。

（6）屋顶平面图应绘制出女儿墙、檐口、天沟、雨水口、分水线、排水方向及坡度以及屋面各个突出部分（如楼梯、水箱、屋面上人孔）的位置、尺寸、标高、做法索引等。

15.4.2 绘制平面图

本例平面图划分为一、二层平面图，三至六层平面图，隔热层平面图和屋顶平面图。这些平面图的详细做法已在之前做了说明。需要注意的是，绘制平面图时，在进行文字、尺寸、符号标注之前，应大致安排剩余空白图面，避免各种标注混杂在一起。各个平面图如图 15-6～图 15-8 所示。

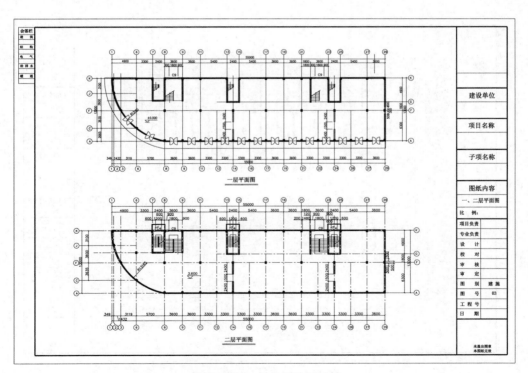

图 15-6 一、二层平面图

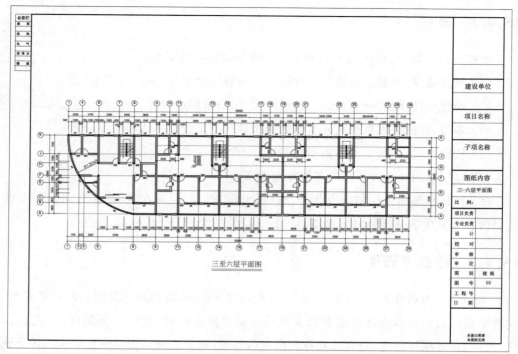

图 15-7　三至六层平面图

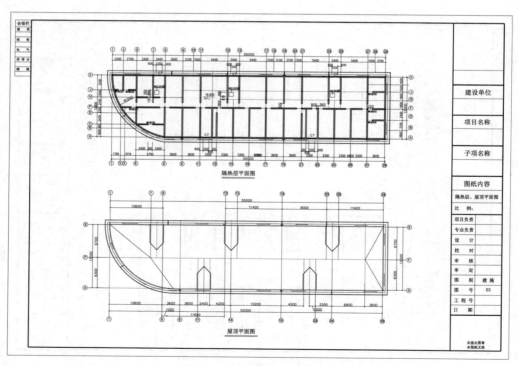

图 15-8　隔热层、屋顶平面图

15.5　立面图和剖面图

本节以之前绘制的商住楼立面图与剖面图为例,简要讲述在施工图中,立面图与剖面图的具体设计方法。

15.5.1　概述

1. 立面图

根据《规定》要求,建筑施工图的立面图部分应包括以下内容。

(1)立面轮廓及主要结构、构造部件的位置,如女儿墙、檐口、柱、阳台、栏杆、台阶、坡道、雨篷、勒脚、门窗洞口、雨水管以及其他装饰线脚等。

(2)标注立面两端的轴线号。

(3)标注各部分的装饰用料名称或代号,构造节点详图索引。

(4)标注关键控制标高(如屋面、女儿墙)、外墙留洞尺寸、高度及标高。

(5)各方向的立面均应绘制全面,而差异较小、对称和不难推定的立面则可以省略。

2. 剖面图

根据《规定》要求,建筑施工图的剖面图部分应包括以下内容。

(1)剖切到的或可见到的主要结构和建筑构造部件,如室外地面、底层地(楼)面、地坑、地沟、各层楼板、梁截面、夹层、平台、吊顶、屋架、屋顶、出屋面的天窗、挡风板、檐口、女儿墙、爬梯、门窗、墙体、楼梯、台阶、坡道、散水、阳台、雨篷等。

(2)竖直方向尺寸包括内部尺寸和外部尺寸。内部尺寸包括地坑(沟)深度、隔断、内窗、洞口、平台、吊顶等;外部尺寸包括层高、门窗洞口高度、室内外高度差、女儿墙、檐口高度等。

(3)标高包括主要结构构件及构造部件的标高,如室外地坪、楼面、平台、吊顶、屋面板、女儿墙、檐口、屋面突出物等。

15.5.2　绘制立面图和剖面图

1. 绘制立面图

本例立面图分为南、北立面图和东、西立面图。在绘制立面图时,应事先绘制好定位轴线和各楼层定位线,这样便于立面图的绘制,三层以上的住宅立面基本相同,因此可以先绘制出一个标准层,然后向上阵列复制即可,如有局部差异,再进行个别修改。这些立面图的详细画法已在之前的章节中做了说明。南、北立面图如图 15-9 所示,东、西立面图如图 15-10 所示。

2. 绘制剖面图

本例剖面图包括 1—1 剖面图和 2—2 剖面图,如图 15-10 所示。1—1 剖切位置为住宅楼梯间,2—2 剖切位置为商场楼梯间。在绘制剖面图时,一般选择在结构比较复杂的位置进行剖切,并且应该注意内部尺寸、外部尺寸、标高的标注。若楼层较多,有时还需要在楼层位置注明楼层序号,以便查找。本例剖面图的操作步骤已在之前的章节中进行了详细说明。

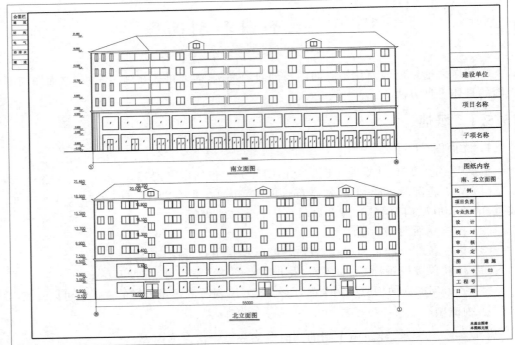

图 15-9　南、北立面图

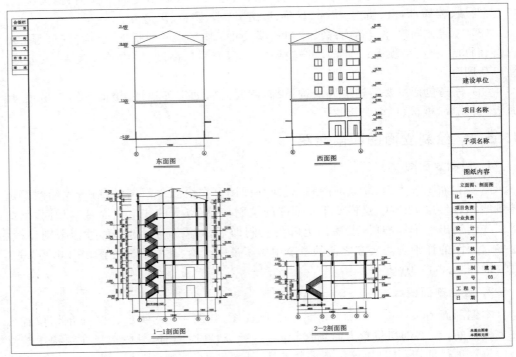

图 15-10　东、西立面图和 1—1、2—2 剖面图

15.6 结构施工图

一个建筑物的落成,要经过建筑设计和结构设计。其中,结构设计的主要任务是确定结构的受力形式、配筋构造、细部构造等。施工时,要根据结构设计施工图进行施工。因此,绘制明确详细的施工图是十分重要的。我国规定了结构设计图的具体绘制方法及专业符号。本节将结合相关标准,对建筑结构施工图的绘制方法及基本要求做简单的介绍。

15.6.1 概述

建筑结构施工图是建筑结构施工中的指导依据,决定工程的施工进度和结构细节,指导工程的施工过程和施工方法。

根据《规定》要求,结构施工图部分包括以下内容。

(1) 基础、柱及其定位轴线、轴线编号。

(2) 各层楼面梁的配筋图,各层楼面板的平面结构配筋图。

(3) 轴线总尺寸、轴线间尺寸等。

(4) 钢筋的做法说明。

(5) 圈梁、钢筋等的编号。

15.6.2 绘制结构施工图

结构施工图的绘制可以参照有关规定和技术资料,如设计资料、标准图集及相关建筑产品资料等。本例的结构施工图如图 15-11～图 15-18 所示。

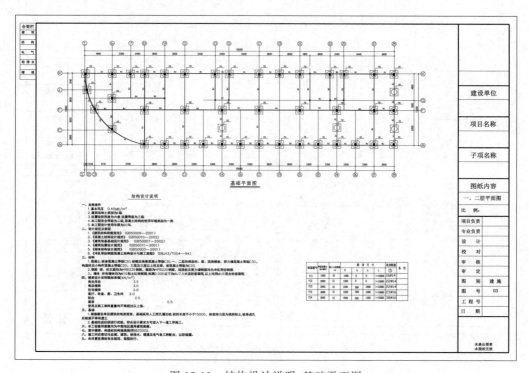

图 15-11 结构设计说明、基础平面图

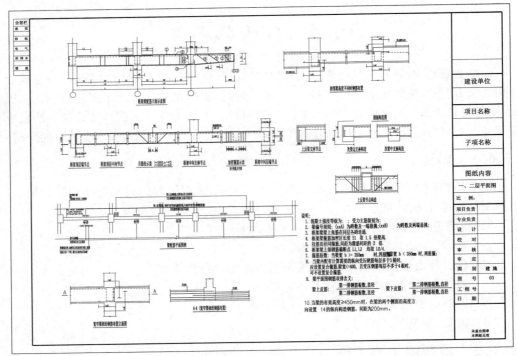

图 15-12　做法说明

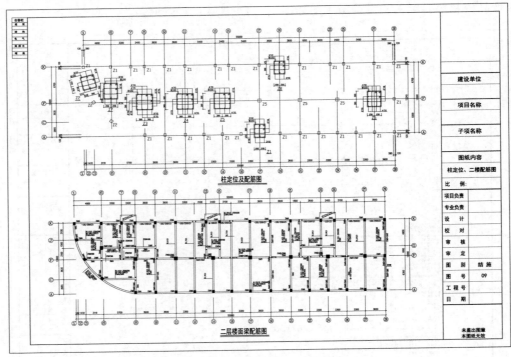

图 15-13　柱定位及配筋图、二层楼面梁配筋图

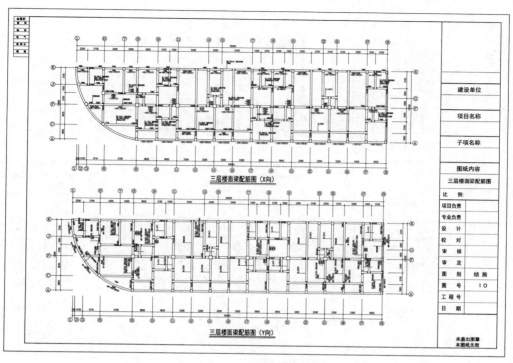

图 15-14 三层楼面梁配筋图

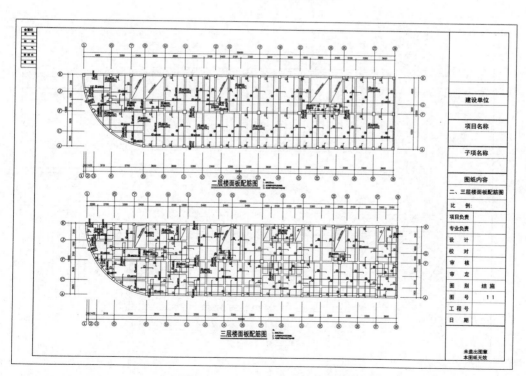

图 15-15 二、三层楼面板配筋图

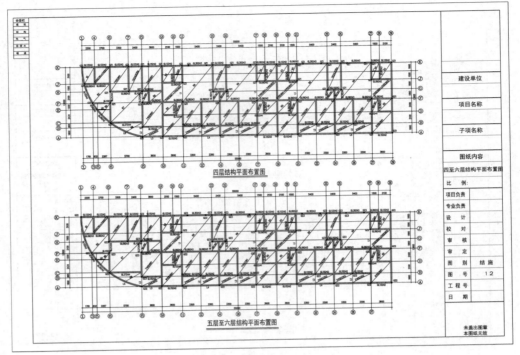

图 15-16　四至六层结构平面布置图

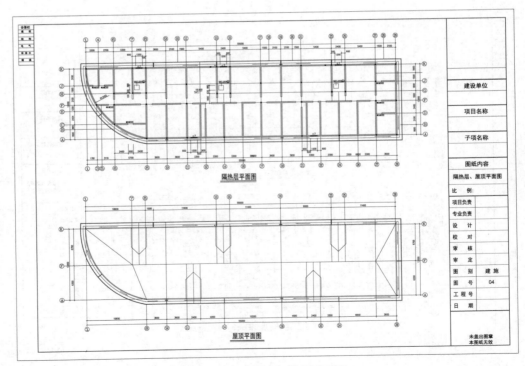

图 15-17　隔热层、屋顶平面图

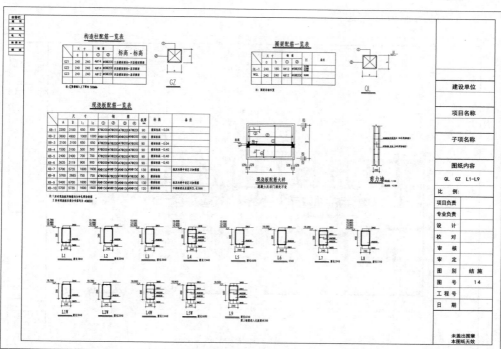

图 15-18 QL GZ L1-L9 布置图

15.7 上机实验

15.7.1 实验1 绘制高层建筑平面图

1. 目的和要求

绘制如图 15-19 所示的某高层建筑的首层平面图。这套图纸来源于工程设计实践,图线相对复杂。通过本实验的练习,读者可系统地掌握平面图的绘制方法与思路。

2. 操作提示

(1)设置绘图参数。

(2)绘制轴线网。

(3)绘制墙体。

(4)绘制门窗和楼梯。

(5)室内布置。

(6)插入尺寸标注和文字说明。

15.7.2 实验2 绘制高层建筑立面图

1. 目的和要求

绘制如图 15-20 所示的某高层建筑的立面图。通过本实验的练习,读者可系统地掌握立面图的绘制方法与思路。

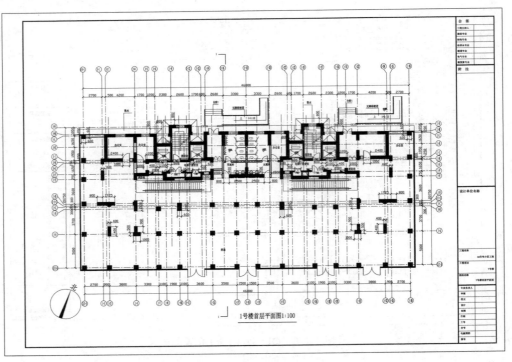

图 15-19　首层平面图

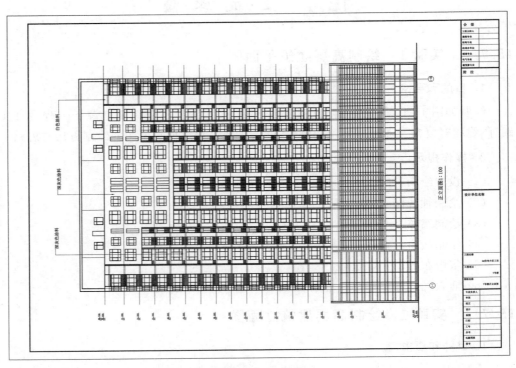

图 15-20　立面图

2．操作提示

（1）设置绘图参数。

（2）绘制定位辅助线。

（3）绘制各层立面图。

（4）插入尺寸标注和文字说明。

15.7.3 实验3 绘制高层建筑剖面图

1．目的和要求

绘制如图15-21所示的某高层建筑的1—1剖面图。通过本实验的练习，读者可系统地掌握剖面图的绘制方法与思路。

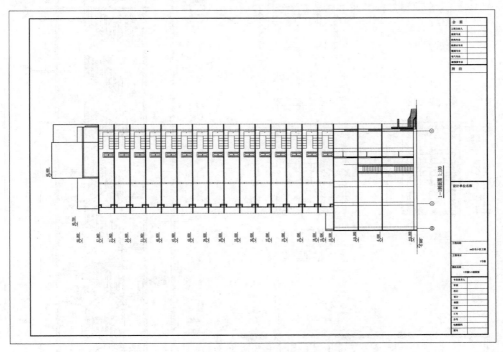

图 15-21 1—1剖面图

2．操作提示

（1）设置绘图参数。

（2）绘制定位辅助线。

（3）绘制墙体、门窗和楼梯。

（4）插入尺寸标注和文字说明。

15.7.4 实验4 绘制高层建筑楼梯详图

1．目的和要求

绘制如图15-22所示的某高层建筑的楼梯详图。通过本实验的练习，读者可系统地掌握详图的绘制方法与思路。

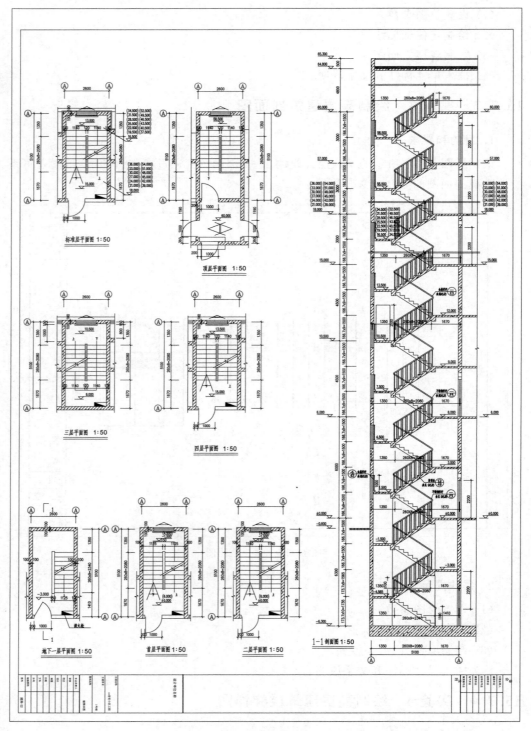

图 15-22　楼梯详图

2．操作提示

（1）设置绘图参数。

（2）绘制各种楼梯结构。

（3）插入尺寸标注和文字说明。

二维码索引